Arnaud Stiepen

Dynamique et structure de la haute atmosphère de Mars

Arnaud Stiepen

Dynamique et structure de la haute atmosphère de Mars

Éditions universitaires européennes

Cover image: www.ingimage.com

Publisher:
Éditions universitaires européennes
is a trademark of
Dodo Books Indian Ocean Ltd., member of the OmniScriptum S.R.L Publishing group
str. A.Russo 15, of. 61, Chisinau-2068, Republic of Moldova Europe
Printed at: see last page
ISBN: 978-3-8416-6937-7

Zugl. / Agréé par: Liège, Université de Liège, 2014

Ce livre est dédicacé à mes parents.

They did not know it was impossible so they did it.

Mark Twain

Résumé

Mars connaît des saisons car son axe de rotation est incliné de son axe de révolution. La dynamique de son atmosphère supérieure est dominée par le transport de l'hémisphère d'été vers l'hémisphère d'hiver. J'ai étudié des observations de nightglow de la haute atmosphère de Mars. Ces observations, prises par l'instrument SPICAM à bord de la sonde Mars Express de l'ESA, présentent les bandes de δ et γ du nightglow de NO. J'ai analysé cette émission sur base statistique cette émission pour caractériser l'altitude et la brillance du pic (5 kR à 72 km). Je montre que le nightglow du NO est localisé selon une relation latitude = -80 x sin(longitude solaire), en accord avec les résultats d'occultation stellaire et du modèle du LMD qui simule la dynamique et la photochimie de l'atmosphère de Mars.

J'ai réalisé une étude détaillée des bandes de CO Cameron (170 à 270 nm) et du doublet de CO_2^+ (290 nm) du dayglow Martien. J'ai développé une méthode pour déduire la température à une altitude proche de 150 km. Cette étude est importante car la distribution de la température dans l'atmosphère de Mars est mal connue. Je montre que la température à haute altitude n'est que peu corrélée avec le flux solaire ultraviolet. Ce résultat suggère que la variabilité de la haute atmosphère peut être due à des processus internes. Des comparaisons avec le Mars Global Ionosphere Thermosphere Model indiquent que le modèle est capable de reproduire les observations pour des conditions d'activité solaire hautes, mais qu'il prédit des températures trop basses pour des conditions faibles à modérées. Des études supplémentaires seront dès lors nécessaires pour identifier et comprendre les mécanismes qui contrôlent la variabilité de la température.

MARS

Comme c'est fréquent en science, j'ai trouvé, grâce à ces données, des réponses à des questions que je ne m'étais pas posées initialement.

André Langaney

Ce livre traite de l'atmosphère supérieure de Mars. Les informations nécessaires pour comprendre le travail réalisé et le situer dans son contexte sont exposées dans le livre « Dynamique de la haute atmosphère de Vénus: Vue par ses émissions ultraviolettes nocturnes ». Le second chapitre traite de la mission Mars Express et de l'instrument SPICAM qui fournit les données analysées et dont les résultats obtenus dans le cadre de cette thèse sont exposés dans le troisième chapitre.

1. Introduction

L'introduction présente les caractéristiques spécifiques de l'atmosphère de Mars, tant pour introduire les notions utiles à notre étude que pour la situer dans son contexte. Il va de soi que les principes fondamentaux introduits au sujet de l'atmosphère de Vénus (équilibre diffusion, flux solaire, aspects spectroscopiques, etc.) restent d'application ici.

1.1. Caractéristiques générales

Mars est, dans la mythologie romaine, le père de Romulus et de Remus, fondateur et protecteur de la Cité (Rome). Sous l'influence grecque, il est identifié à Arès. Les Romains avaient nommé le premier mois de l'année en son honneur, qui coïncidait avec le retour des beaux jours et la reprise de la guerre après l'hiver. Par la suite, janvier, mois d'élection des magistrats, a été convenu comme commencement de la nouvelle année, mars devenant le troisième, de sorte que décembre, bien qu'étymologiquement le dixième mois, est devenu le douzième.

Mars fait partie des cinq planètes visibles à l'œil nu. Elle a donc été observée depuis l'antiquité. Les observations à l'œil nu ne permettent pas d'analyser les caractéristiques de la planète, mais uniquement sa trajectoire dans le ciel. Malgré cela, l'une des découvertes les plus importantes de l'histoire de la science a été réalisée grâce à l'observation de Mars. A la fin du 16e siècle, Johannes Kepler devient l'assistant de Tycho Brahe. Ce dernier lui demande de calculer l'orbite précise de Mars. Kepler met six ans à faire le calcul et découvre, ce faisant, que les orbites des planètes sont des ellipses et non pas des cercles. C'est donc grâce à l'étude Mars que Kepler découvre la première loi qui porte son nom. Rappelons aussi que cette loi fut décisive dans les travaux de Newton pour la découverte de sa seconde loi; un des plus grand succès de la mécanique newtonienne et de la théorie de la gravitation universelle ayant été, à l'époque, de rendre compte du mouvement des planètes. Le folklore lié à Mars est lui aussi important. La croyance en l'existence des canaux martiens dura de la fin du XIXe siècle au début du XXe siècle et marqua l'imagination populaire. Au XXe siècle, l'utilisation de grands télescopes permit d'obtenir les cartes les plus précises avant l'envoi des sondes. L'exploration de Mars tient une place importante dans les programmes d'exploration spatiale des principales agences spatiales. Une quarantaine de sondes orbitales et d'atterrisseurs ont été lancés vers Mars depuis les années 1960.

Mars est la quatrième planète du système solaire et la dernière planète tellurique. Elle se situe à 1,52 UA du soleil, avant la ceinture d'astéroïdes. Elle possède un rayon équatorial environ deux fois plus petit que celui de la Terre. D'une densité proche, il en résulte que son volume et sa masse sont environ dix fois plus petits que ceux de la Terre. L'atmosphère de Mars est aussi beaucoup plus ténue que celle de la Terre : la pression atmosphérique au sol est près de 150 fois plus faible que sur Terre. Alors qu'une journée martienne est légèrement (+ 43 minutes) plus longue qu'une journée terrestre, son année est presque deux fois plus longue. En raison de l'inclinaison de son axe de rotation, elle est sujette à des effets saisonniers. Ces effets sont fortement amplifiés du fait de la grande excentricité de l'orbite martienne. Sa température et sa pression de surface sont faibles, mais celles-ci varient grandement avec la topographie (très marquée, voir Figure 2) et la saison (Figure 5).

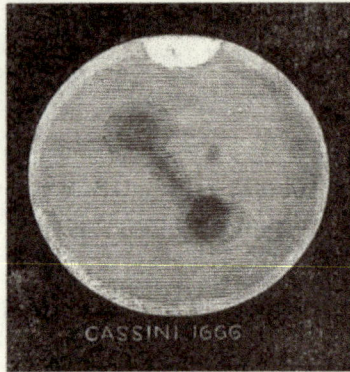

Figure 1 - Première observation des calottes polaires de Mars, par Cassini au 17ème siècle.

	Terre	Mars
Distance au Soleil (demi-grand axe)	149 597 887 km	227 939 100 km
Rayon équatorial	6 378 km	3 396,2 km
Masse	$5,9736 \times 10^{24}$ kg	$6,4185 \times 10^{23}$ kg
Densité moyenne	5,51	3,93 g cm^{-3}
Inclinaison	23°26'15"	25,19°
Période de révolution	1an = 365,256366 j	686,971 j
Période de rotation	1j = 23 h 56 m 4,09 s	24,61 h
Température de surface	287 K	210 K
Pression de surface	$1,01325 \times 10^5$ Pa.	600 Pa

Tableau 1 - Comparatif des caractéristiques physiques de la Terre et Mars.

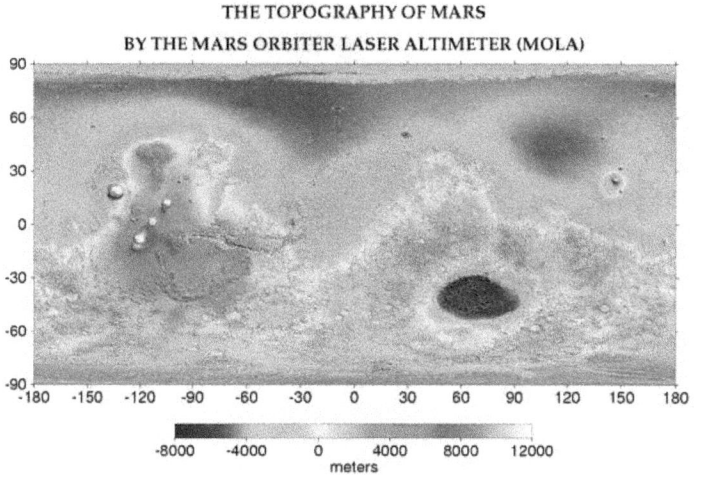

Figure 2 - Topographie de Mars réalisée par le MOLA à bord de MGS.

Comparaison des dimensions d'Olympus Mons, de l'île de Hawaii et de l'Everest

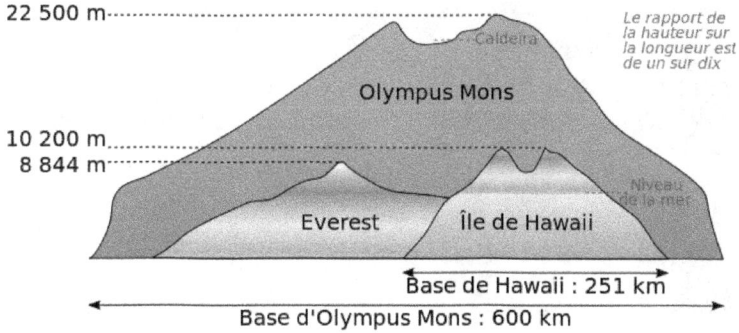

Figure 3 - Comparatif des hauteurs du Mont Olympe, de l'Everest et de l'île volcanique d'Hawaï. Le Mont Olympe est la plus haute montagne du Système Solaire.

Figure 4 - Mont Olympe sur Mars.

Ainsi, la pression de surface peut varier de 30% entre l'été et l'hiver (observations Viking 1 et 2 – voir Figure 6).

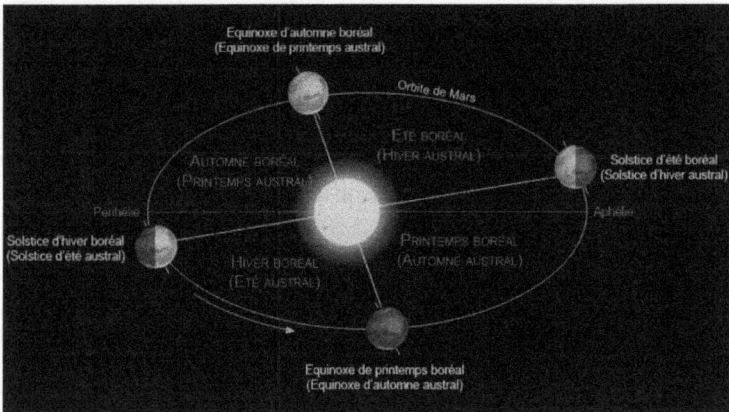

Figure 5 - Inclinaison de Mars et ses saisons.

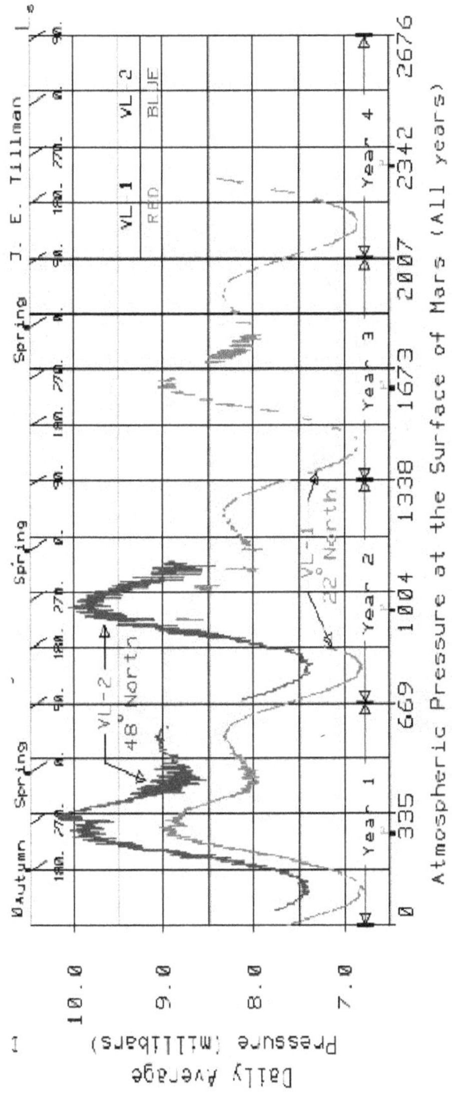

Figure 6 - Variation de la pression de surface de Mars au cours du cycle saisonnier mesurée par les deux sondes Viking.

Tout comme Vénus, Mars ne possède pas de champ magnétique comparable à celui de la Terre. Néanmoins, outre l'interaction entre l'ionosphère de Mars et le vent solaire, la planète rouge possède un champ magnétique rémanent dans sa croûte. La Figure 7 est une représentation de ce champ réalisée à partir des données du magnétomètre à bord de Mars Global Surveyor (MGS, Connerney et al., 2001). La valeur du champ magnétique de Mars sera ultérieurement utilisée dans le cadre de la détermination des facteurs influençant la température de sa haute atmosphère.

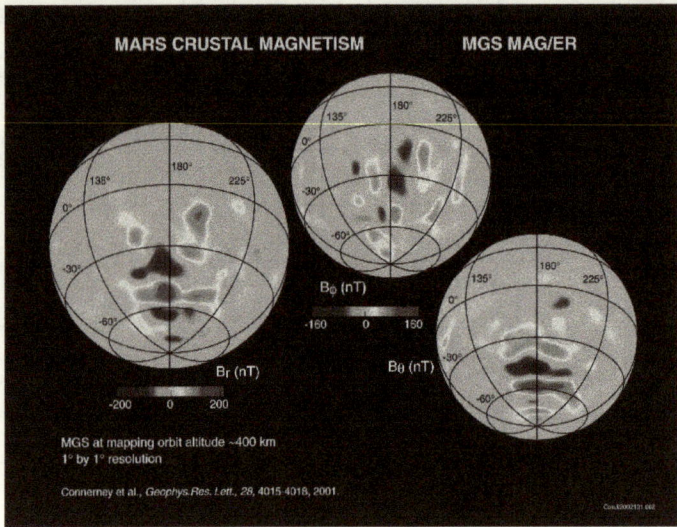

Figure 7 – Les trois composantes (phi, thêta et radiale) du champ magnétique rémanent de Mars à partir de données MGS (Connerney et al., 2001).

1.2. Atmosphère

L'atmosphère de Mars est, de bas en haut, séparée en quatre parties que sont la troposphère, la mésosphère, la thermosphère et l'ionosphère (Figures 9 et 10).

La troposphère martienne s'étend jusqu'à environ 45 km d'altitude. Elle se caractérise par une diminution de la température en fonction de l'altitude. Dans cette couche atmosphérique, les échanges de chaleur se font principalement par convection, suivi de l'absorption du rayonnement solaire par la poussière en suspension (lorsque l'atmosphère n'est pas claire, c'est-à-dire lorsque de la poussière s'y trouve en suspension) de sorte que la température de la troposphère peut augmenter fortement en cas de tempêtes de poussière illustrées en Figure 8.

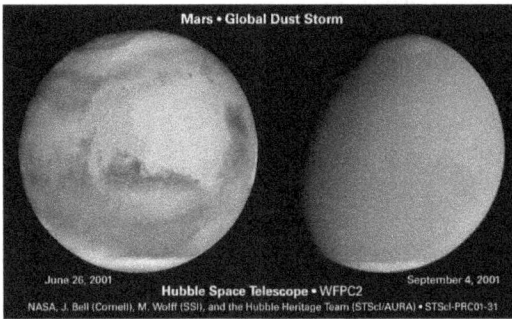

Figure 8 - Tempête de poussière de 2001 observée par le Télescope Spatial Hubble. La poussière rend l'atmosphère totalement opaque aux longueurs d'onde du visible.

La mésosphère s'étend d'environ 45 km à 110 km d'altitude. Elle possède une température relativement constante (le rayonnement ultraviolet ne peut y être absorbé très efficacement car il n'y a pas de couche d'ozone comme sur Terre).

La thermosphère est la partie de l'atmosphère martienne qui s'étend de la mésopause, vers 110 km jusqu'à la thermopause, située vers 150 km d'altitude. La température régnant dans cette région atmosphérique augmente à nouveau en fonction de l'altitude en raison de l'absorption des rayons ultraviolets par les composants atmosphériques. Dans cette couche atmosphérique, l'absorption du rayonnement ultraviolet par le gaz ionise ce dernier, formant ainsi l'ionosphère qui s'étend de 100 km à près de 800 km d'altitude. L'homopause de Mars est située entre 120 et 140 km d'altitude (Izakov et al., 1977).

Comme indiqué précédemment, l'inclinaison de Mars est proche de celle de la Terre (25,19° pour Mars et 23,45° dans le cas de la Terre). Mars connait donc des saisons. Avec une grande excentricité orbitale (0,0934 pour Mars contre 0,0167 pour la Terre), l'orbite de Mars est fortement elliptique. Dès lors, sa distance au Soleil varie entre 250 millions de km à l'aphélie et 205 millions de km au périhélie. La position du périhélie coïncide avec le solstice d'hiver boréal et, par conséquent, celle de l'aphélie coïncide avec le solstice d'été boréal. Ceci a pour effet de provoquer des différences dans la durée et l'intensité des saisons observées dans les deux hémisphères. Au périhélie par exemple, le pôle sud est orienté vers le Soleil et reçoit 40 % d'énergie solaire en plus que le pôle nord à l'aphélie. Dès lors, les hivers sont doux et courts dans l'hémisphère nord et longs et froids dans l'hémisphère sud. A l'inverse, les étés sont longs et frais au nord et courts et chauds au sud.

La circulation atmosphérique de Mars est plus simple à décrire que celle de Vénus. Il n'existe qu'une seule cellule de Hadley sur Mars qui joint les deux hémisphères. Notons cependant la présence de courant-jet dans sa mésosphère. Les masses d'air circulent de l'équateur vers les pôles. Cette cellule est importante aux basses latitudes et elle s'amenuise vers les pôles de la planète à cause de la force de Coriolis (La force de Coriolis est plus marquée sur Mars que sur Vénus du fait de sa rotation plus rapide, proche de celle de la Terre). La circulation de l'atmosphère de Mars est dissymétrique par rapport à l'équateur. En effet, la topographie (voir Figure 2) est différente dans les deux hémisphères. De plus, Mars (comme la terre) est inclinée sur son axe de rotation. De manière schématique, Mars présente donc une circulation atmosphérique tenant à la fois de celle de la Terre et de celle de Vénus.

Vers la fin du printemps austral, lorsque Mars est au plus près du Soleil, des tempêtes de poussière locales apparaissent. Ces tempêtes peuvent devenir planétaires et durer plusieurs mois, mais ce phénomène reste exceptionnel. Des grains de poussière sont alors soulevés, rendant la surface de Mars quasiment invisible depuis l'espace (Figure 8). Lors de tempêtes globales, ce phénomène provoque d'importantes modifications climatiques. En effet, les poussières en suspension absorbent le rayonnement solaire visible et réchauffent ainsi l'atmosphère.

Les Figures 9 et 10 montrent deux schémas exposant les structures thermiques de l'atmosphère de Mars et de la Terre.

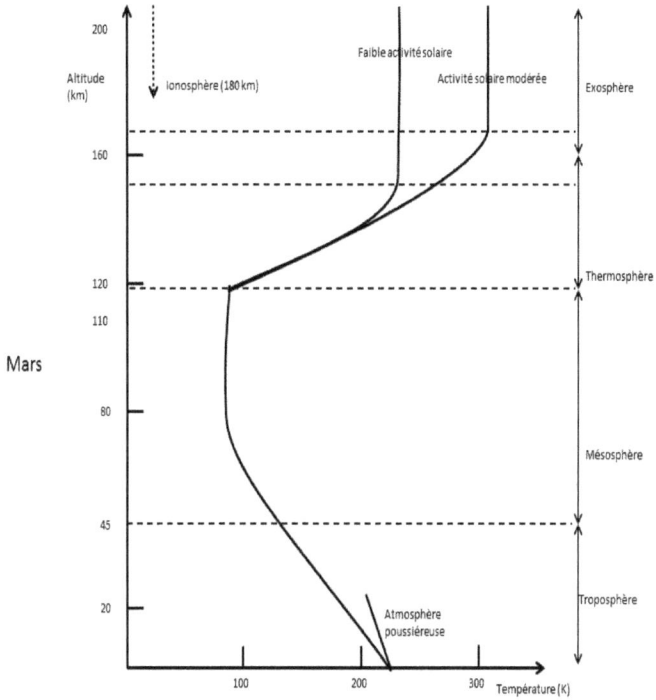

Figure 9 - Structure atmosphérique verticale de Mars

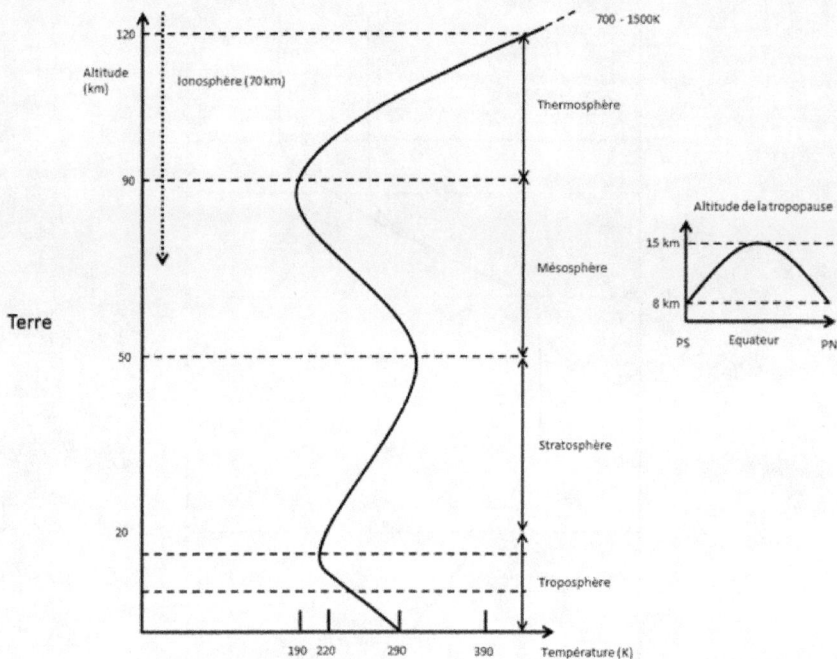

Figure 10 - Structure atmosphérique verticale de la Terre

1.1. Notions supplémentaires

Plusieurs notions doivent être exposées afin de clarifier la suite de présent ouvrage. C'est le but de ce chapitre. Ces informations sont générales et donc applicables dans l'étude de Mars et de Vénus. Nous définissons en premier lieu la *hauteur d'échelle*.

1.1.1. Equilibre hydrostatique, diffusion moléculaire et hauteur d'échelle

Une atmosphère planétaire peut être considérée en première approximation comme un gaz au repos stratifié en couches parallèles et soumis au champ de pesanteur de sa planète. En effet, dans une atmosphère neutre, la force (par unité de masse atmosphérique) prépondérante est l'attraction gravitationnelle. Cela a pour effet de stratifier verticalement l'atmosphère de la planète et produit une plus forte différence des propriétés d'état (température, pression, composition, ...) le long de l'axe vertical que selon une direction

15

horizontale. Le poids d'une colonne de gaz de section unitaire comprise entre deux niveaux d'altitude z et z+Δz à des pressions respectives P et P+ΔP est donné par :

$$-\Delta p = nmg1\Delta z$$

Ou, sous forme infinitésimale :

$$-dp = nmgdz$$

$$-dp = \rho gdz$$

Avec n la densité du gaz, mg, le poids d'une particule du gaz. Si ce gaz est soumis à la loi des gaz parfaits p=nkT, on obtient aisément

$$\frac{dp}{p} = -\frac{mg}{kT}dz$$

Cette équation introduit une grandeur fondamentale, la hauteur d'échelle H=kT/mg. De plus, cette équation régit l'équilibre hydrostatique qui relie la pression d'une atmosphère à son altitude. Dans le cas d'une atmosphère isotherme, l'équilibre hydrostatique s'intègre aisément pour trouver la décroissance exponentielle de la pression avec une longueur caractéristique égale à la hauteur d'échelle :

$$p(z) = p(z_0)e^{-\frac{z-z_0}{H}}$$

Dans le cas de Vénus, la hauteur d'échelle est égale à 15 km à la surface. Elle vaut 4 km environ à une altitude de 90 km. La relation précédente n'est donc pas d'application car H varie avec l'altitude. Dans ce cas, elle devient :

$$p(z) = p(z_0)e^{-\int_{z_0}^{z}\frac{dz\prime}{H(z\prime)}}$$

1.1.2. Diffusion moléculaire et turbulente

L'atmosphère de Vénus est composée de différents gaz soumis à la loi de Dalton qui donne leur pression partielle. La pression relative de deux gaz est variable avec l'altitude à cause de la diffusion moléculaire. Le modèle uni-dimensionnel photochimique utilisé dans le cadre de cette thèse résout les équations d'advection-diffusion ainsi que les réactions chimiques de perte et de création. Nous détaillons donc dans la suite les notions de diffusion moléculaire verticale (Cowling and Chapman, 1970) et de diffusion turbulente verticale. Commençons par l'équation de diffusion verticale en considérant un gaz 1 en déplacement par rapport à un autre gaz, noté gaz 2. Dans ce cas, l'équation de Cowling-Chapman nous donne sa vitesse.

$$\vec{v}_{1-2} = -D_{1-2}\left\{\frac{n^2}{n_1 n_2}\nabla\left(\frac{n_1}{n_2}\right) + \frac{m_2 - m_1}{\bar{m}}\nabla\ln(P) + \alpha_T\nabla\ln(T) - \frac{m_1 m_2}{\bar{m}kT}(\vec{\Gamma}_1 - \vec{\Gamma}_2)\right\}$$

Avec n la densité totale et $\bar{m}$ la masse moyenne atmosphérique.

Cette équation se décompose en plusieurs termes. D représente le coefficient de diffusion du gaz 1 dans le gaz 2. Γ est l'accélération du aux forces agissant sur le gaz. α_T est le coefficient de diffusion thermique. Sous les conditions suivantes, l'équation peut être simplifiée. Si l'atmosphère est constituée de couches horizontales parallèles, l'opérateur de gradient devient une dérivée par rapport à l'altitude. Si seule la force gravifique agit sur l'atmosphère, Γ est égal à g et le terme Γ_1- Γ_2 est nul. Si l'on considère de plus que le gaz 1 est largement minoritaire devant le gaz 2, l'équation de Cowling-Chapman devient l'équation de la vitesse de diffusion verticale du composé 1 :

$$v_1 = -D_1\left\{\frac{n}{n_1}\frac{d}{dz}\left(\frac{n_1}{n_2}\right) + \left[1 - \frac{m_1}{\bar{m}}\right]\frac{d\ln(P)}{dz} + \alpha_T\frac{d\ln(T)}{dz}\right\}$$

L'équation d'équilibre hydrostatique et l'équation des gaz parfaits, revues ci-dessus, permettent alors d'en déduire :

$$v_1 = -D_1\left\{\frac{1}{n_1}\frac{d}{dz}(n_1) + \frac{1}{H_1} + \frac{1+\alpha_T}{T}\frac{dT}{dz}\right\}$$

Or le terme de diffusion dû au gradient de température peut être considéré négligeable dans la plupart des gaz. Dès lors,

$$v_1 = -D_1\left\{\frac{1}{n_1}\frac{d}{dz}(n_1) + \frac{1}{H_1} + \frac{1}{T}\frac{dT}{dz}\right\}$$

1.1.3. Diffusion turbulente

Le seul facteur libre a priori dans l'équation précédente est le coefficient de diffusion moléculaire D_1. Dans le cadre d'un modèle, l'on pourrait être tenté d'utiliser ce facteur comme paramètre permettant de modéliser au mieux une observation. Or, ce facteur est donné par la théorie cinétique des gaz. Dans cette équation, par conséquent, aucun facteur n'est variable afin d'ajuster le modèle avec l'observation. Cela est néanmoins rendu possible en ajoutant un terme de diffusion turbulente dans l'équation. Dans une atmosphère, de nombreux processus tendent à rendre homogène ladite atmosphère. Ils sont actuellement encore mal compris, spécialement dans le cas de Vénus ou Mars. Il est actuellement impossible de les modéliser individuellement, mais l'introduction d'un terme de diffusion turbulente qui tend à homogénéiser l'atmosphère permet de reproduire un mélange atmosphérique plus proche de l'observation. Ce coefficient K de diffusion turbulente est, a priori, libre. Il peut varier avec l'altitude et est indépendant des espèces présentes. Dans l'homosphère, sous l'effet de la diffusion turbulente, la distribution verticale des gaz tend à être uniforme, et les constituants sont mélangés selon le gradient de rapport de mélange en suivant la loi :

$$v_t = -K \left\{ \frac{1}{n_1} \frac{dn_1}{dz} - \frac{1}{n} \frac{dn}{dz} \right\}$$

Avec v_t la vitesse de diffusion turbulente du gaz. Vu l'équation de diffusion verticale, la vitesse de diffusion turbulente devient :

$$v_t = -K \left\{ \frac{1}{n_1} \frac{d}{dz}(n_1) + \frac{1}{\overline{H}} + \frac{1}{T} \frac{dT}{dz} \right\}$$

Dès lors, l'équation d'évolution photochimique et diffusive d'un constituant i d'une atmosphère s'écrit, au cours du temps :

$$\frac{\partial n_i}{\partial t} = -\frac{\partial \Phi_i}{\partial z} + P_i - L_i - \frac{\partial n_i w}{\partial z}$$

Avec P_i le terme de production chimique du constituant i, L_i son terme de perte chimique. Le flux diffusif vertical Φ_i est donné par (voir ci-dessus) :

$$\Phi_i = -(D_i + K) \left(\frac{\partial n_i}{\partial z} + \frac{n_i}{T} \frac{\partial T}{\partial z} \right) - \left(\frac{D_i}{H_i} + \frac{K}{H} n_i \right)$$

Avec D_i le terme de diffusion moléculaire, K le coefficient de diffusion turbulente (aussi appelée *eddy diffusion*) qui dépend de l'altitude selon.

$$K(z) = \frac{A}{\sqrt{n(z)}}$$

Avec A un paramètre laissé libre dans le modèle qui est constant par rapport à l'altitude. Cette formulation est adoptée de manière empirique pour Vénus depuis les années 1970 (Stewart., 1980)

Il est maintenant possible d'estimer les temps caractéristiques de transport vertical dus à la diffusion moléculaire et turbulente. Nous connaissons la vitesse v_i de diffusion moléculaire d'un constituant minoritaire i de l'atmosphère étudiée. Afin d'évaluer son temps de parcours par diffusion moléculaire, considérons que la particule doit parcourir une distance prise égale à sa propre hauteur d'échelle (H_i). Si l'on néglige, dans l'équation de vitesse de diffusion moléculaire, le terme $\frac{1}{n_i}\frac{dn_i}{dz}$ devant le terme $1/H$, le temps caractéristique de diffusion moléculaire est alors estimé par :

$$\tau^i_{diff.mol.} \sim \frac{H_i}{v_{m,i}} \sim \frac{H_i}{D_i/H_i} \sim \frac{H_i^2}{D_i}$$

En faisant la même approximation que précédemment, il est possible d'estimer le temps de parcours d'un constituant i minoritaire d'une distance H à la vitesse de diffusion turbulente v_e :

$$\tau^i_{diff.turb.} \sim \frac{H}{v_{t,i}} \sim \frac{H}{K/H} \sim \frac{H^2}{K}$$

Dans l'homosphère, on a $\tau_{diff.turb.} << \tau_{diff.mol.}$. Par contre, à haute altitude, $\tau_{diff.turb.} >> \tau_{diff.mol.}$ (équilibre diffusif).

1.1.4. Flux solaire

Une atmosphère planétaire est soumise au flux solaire. Celui-ci n'est pas constant. Il varie, bien entendu, d'une planète à l'autre en fonction du carré de la distance de celle-ci par rapport au soleil. Mais sur une même planète, un cycle solaire alterne des périodes calmes et agitées. Aux courtes longueurs d'ondes (<200 nm), deux cycles co-existent. Le premier dure ~11 ans, tandis que le second est lié à la rotation du soleil autour de lui-même et dure ~27 jours. Une manière de quantifier ces changements est d'utiliser l'émission radioélectrique mesurée à 10,7 cm (on parlera de l'indice F10.7) qui est mesurée à Ottawa depuis 1948. Le flux solaire mesuré par l'indice F10.7 est un excellent estimateur du flux solaire ultraviolet. La figure 10 représente l'indice F10.7 ces dernières années et illustre la période d'environ onze ans du cycle d'activité solaire.

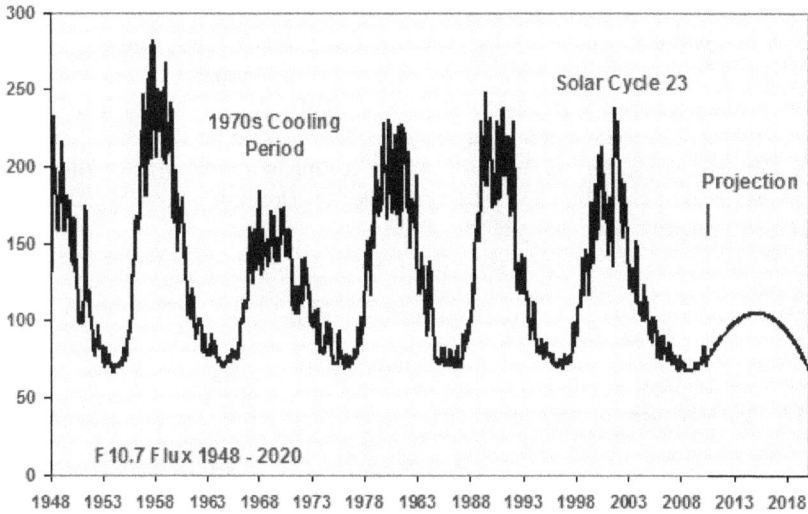

Figure 10 - Indice F10.7 mesurant l'activité solaire

L'indice F10.7 est cependant donné, jour par jour, grâce à des mesures réalisées sur la Terre. Hormis le facteur géométrique nécessaire afin de transformer la valeur terrestre en la valeur sur Mars ou Vénus, une autre correction est nécessaire. En effet, le rayonnement solaire n'est pas isotrope. Le flux solaire est variable en fonction de la longitude solaire, c'est-à-dire de la position de la planète sur son orbite autour du Soleil. Il est donc nécessaire d'introduire une correction qui permet de déterminer l'indice F10.7 sur Mars ou sur Vénus comme si la Terre et l'une de ces deux planètes étaient alignées avec le soleil. Autrement dit, une correction liée à la longitude solaire est nécessaire.

La méthode utilisée est de décaler la date d'enregistrement de l'indice F10.7 pour correspondre à celle de l'enregistrement des spectres par SPICAM ou SPICAV, tenant compte du mouvement orbital des planètes et de la rotation du Soleil sur lui-même en une période d'environ 27 jours. Dès lors, on peut aisément calculer :

$$\Delta t_{ind} = \frac{\alpha}{\omega}$$

Où Δt_{ind} est l'intervalle de temps dont l'indice F10.7 doit être décalé, α est l'angle entre la Terre et Mars ou Vénus avec le Soleil et ω est la vitesse angulaire de rotation du Soleil autour de son axe.

20

Une autre correction impose de tenir compte dans le calcul du rapport des distances entre le Soleil et la Terre, d'une part, et le Soleil et Mars ou Vénus d'autre part. En effet, comme le flux solaire décroît en $1/r^2$, la quantité de flux ultraviolet atteignant la partie supérieure de l'atmosphère d'une planète est dépendante de ce rapport. De plus, l'orbite de Mars est fortement excentrique (e_{Mars} = 0.093 ; e_{Terre} = 0.016 ; e_{Venus} = 0.0068). Il est donc nécessaire de calculer ce rapport pour diverses positions de Mars sur son orbite. Notons que, même si Vénus possède une très faible excentricité, ce rapport a aussi été calculé dans le cadre de ce travail. Si l'on définit LS_1 et LS_2 comme les deux longitudes solaires considérées et e comme l'excentricité, ce rapport vaut simplement :

$$r = \left[\frac{1 + e\cos(LS_1 - 90)}{1 + e\cos(LS_2 - 90)} \right]^2$$

1.1.5. Luminescences atmosphériques

La luminescence atmosphérique, appelée en anglais airglow, est une émission de lumière faible qui a lieu dans l'atmosphère d'une planète. Dans le cas de la Terre, elle a été identifiée pour la première fois en 1868 par le Suédois Ångström. Ces émissions ont été intensément étudiées en laboratoires et de nombreux processus les causant ont été identifiés, tels que la recombinaison d'atomes précédemment photoionisés durant le jour (c'est-à-dire par la lumière solaire de l'ultraviolet lointain), la luminescence causée par des rayons cosmiques déposant leur énergie dans la partie haute de l'atmosphère, ou encore la chimiluminescence causée par (dans le cas de la Terre) des atomes d'oxygène ou d'azote qui réagissent avec des ions hydroxyles à plusieurs centaines de kilomètres d'altitude. Un autre processus possible, qui nous intéresse particulièrement dans le cadre de cette thèse, est la recombinaison d'un atome d'azote (N) avec un atome d'oxygène (O), qui forment ainsi une molécule de NO dans un état excité. Cette molécule peut alors retourner à son état fondamental (non excité) en émettant un photon.

Afin de décrire en détail les processus causant les émissions de NO étudiées dans le cadre de cette thèse, il est nécessaire de rappeler quelques notions de spectroscopie.

1.1.6. Nomenclature spectroscopique

Les états énergétiques des molécules diatomiques sont classés en termes de plusieurs nombres quantiques moléculaires, par analogie avec les états et termes énergétiques atomiques. Dans l'approximation de Russel-Sanders, qui néglige le couplage entre le spin d'un électron et son moment orbital, mais suppose que le couplage entre les moments orbitaux est fort et que celui entre les spins est plus faible mais appréciable, les moments angulaires de tous les électrons de la molécule sont couplés pour donner une résultante **L**, et tous les moments angulaires de spin des électrons sont couplés pour donner une résultante **S**.

Pour une molécule diatomique, le mouvement des électrons se fait selon une symétrie cylindrique définie par l'axe internucléaire de la molécule. Dès lors, seule la projection du moment cinétique **L** sur l'axe internucléaire est une constante du mouvement. Cette composante est notée M_L. Elle couvre les valeurs de $-|\vec{L}|$ à $|\vec{L}|$ par pas de 1. Néanmoins, les états caractérisés par une même valeur absolue de M_L sont dégénérés (ils ont la même énergie). Afin de classer les états énergétiques, on considère donc $|\overrightarrow{M_L}|$ qui constitue le premier nombre quantique moléculaire noté Λ. Il peut prendre pour valeur $\Lambda = 0,..., |\vec{L}|$. Pour chaque valeur de $|\vec{L}|$, la molécule peut donc prendre $|\vec{L}|+1$ états distincts (d'énergie différente). Suivant que $\Lambda = 0, 1, 2, 3, ...$, ces états sont notés Σ, Π, Δ, Φ, etc. Notons que seul l'état Σ est non dégénéré.

Hund a distingué 5 modes de couplage entre le moment associé au spin électronique, le moment orbital et le moment associé à la rotation. Ces modes sont désignées par les lettres (a), (b), (c), (d) et (e) et il existe des cas intermédiaires entre ces couplages. Les différents couplages de Hund sont obtenus en mesurant l'importance relative de l'interaction électrostatique (Eelec), l'interaction spin-orbite (Eso) et le couplage spin-rotation (Esr). En particulier, la molécule de NO se situe entre le couplage de type (a), pour lequel Eelec >> Eso >> Esr (voir Figure 11) et le couplage de type (b), pour lequel Eelec >> Esr >> Eso (voir Figure 12).

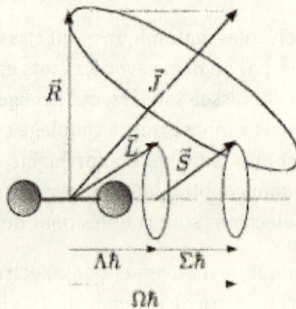

Figure 11 - Représentation schématique des moments vectoriels intervenant dans le cas du couplage (a) de Hund. De Biémont, 2008.

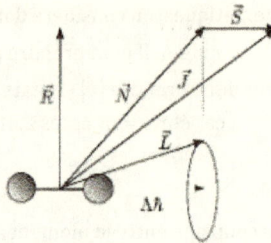

Figure 12 - Représentation schématique des moments vectoriels intervenant dans le cas du couplage (a) de Hund. De Biémont, 2008.

La résultante **S** des spins atomiques s rend compte de la dégénérescence observée lorsque un champ magnétique externe est appliqué à la molécule. De même manière que précédemment, le nombre quantique moléculaire Σ est analogue au nombre m_s dans un atome. Il peut prendre 2S+1 valeurs (de S à –S, par pas de 1). Σ peut donc prendre 2S+1 valeurs (2S+1 est donc la multiplicité de l'état) qui sont indiquées en exposant avant le nombre quantique moléculaire Λ. Pour les états caractérisés par $\Lambda = 0$, S = 0.

Tout plan passant par l'axe internucléaire d'une molécule diatomique est un plan de symétrie de la molécule. Lors d'une réflexion par l'un de ces plans de symétrie, les fonctions d'onde des états Σ sont inchangées. Dans le premier cas (pas de réflexion), l'état est caractérisé par Σ^+ et il est caractérisé par Σ^- dans l'autre cas.

Dans le cas d'une molécule diatomique homopolaire, l'indice gerade (g) ou ungerade (u), qui caractérise l'indice M_L, indique si la fonction d'onde est inchangée/symétrique (g) ou changée/antisymétrique (u) par rapport au centre de symétrie de la molécule.

Enfin, les états électroniques des molécules diatomiques sont distingués par différentes lettres majuscules et minuscules. L'état fondamental est indiqué par la lettre X et les états A, B, C, ... désignent des états excités ayant la même multiplicité que le fondamental. Dans le cas contraire, ils sont indiqués par les mêmes lettres, mais minuscules, par ordre d'énergie croissante.

De manière générale, la forme représentative d'un état moléculaire d'une molécule diatomique est donnée par :

$$X^{2S+1}\Lambda_{g/u}^{+/-}$$

Analysons un cas pratique pour illustrer ces notions théoriques. L'état $C^2\Pi$ de la molécule de NO est à l'origine des émissions UV de NO observées dans le cadre de ce travail (voir ci-dessous). $NO(C^2\Pi)$ signifie donc que $\Lambda = 1$, $S = \frac{1}{2}$. La lettre C indique qu'il s'agit d'un état excité (pas le fondamental) ayant la même multiplicité que le fondamental. L'état fondamental de NO est $X^2\Pi$. Dès lors, $\Lambda = 1$ et la multiplicité vaut 2, ce qui implique que $S=1/2$.

L'énergie d'une molécule peut être décomposée en la somme de l'énergie provenant du mouvement interne des électrons (Eel), de sa capacité à vibrer (Evib) et à tourner autour d'un axe (Erot). De sorte que

$$E = E_{el} + E_{vib} + E_{rot}$$

Ces trois grandeurs sont quantifiées et satisfont l'inégalité

$$E_{rot} \ll E_{vib} \ll E_{el}$$

Cela implique que, pour chaque niveau d'énergie électronique, il existe des niveaux vibrationnels plus fins et que, à chaque niveau vibrationnel correspond des niveaux rotationnels plus proches en énergie. En première approximation, il est possible de séparer les trois types de mouvements précités. C'est l'approximation de Born-Oppenheimer qui est valable lorsque les masses nucléaires sont grandes par rapport aux masses électroniques.

Une transition spectrale est liée à une variation d'énergie donnée par la loi de Planck qui s'écrit, dans ce cas-ci :

$$h\nu = \Delta E_{tot} = \Delta E_{el} + \Delta E_{vib} + \Delta E_{rot}$$

Dans le domaine spectral de l'ultraviolet (qui nous intéresse particulièrement ici) et du visible, le spectre électronique d'un gaz sera constitué d'un ensemble de bandes définies comme suit : la position du système de bandes est donnée par le premier terme, la position relative d'une bande par rapport à une autre dans ce système est donnée par le second terme et le troisième terme nous renseigne sur la structure fine de la bande (à haute résolution).

1.1.7. Application au monoxyde d'azote (NO)

Schémas énergétiques

Dans le cas de la molécule diatomique de l'oxyde d'azote (NO) qui nous intéresse particulièrement, les états énergétiques sont représentés dans les figures 13 et 14.

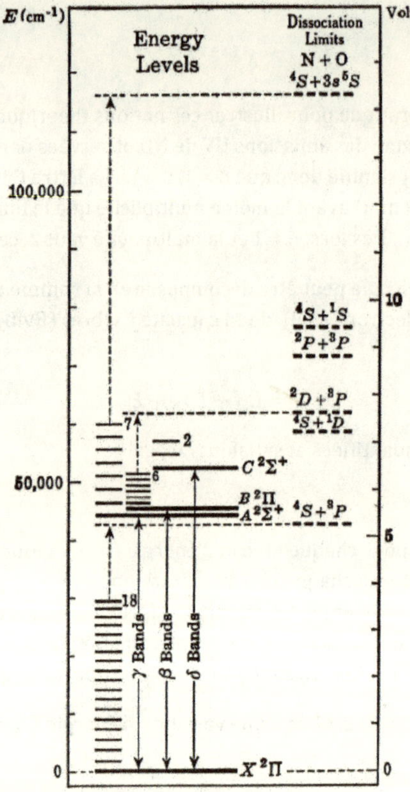

Figure 13 - Différents niveaux d'énergie de la molécule NO (Herzberg, 1950)

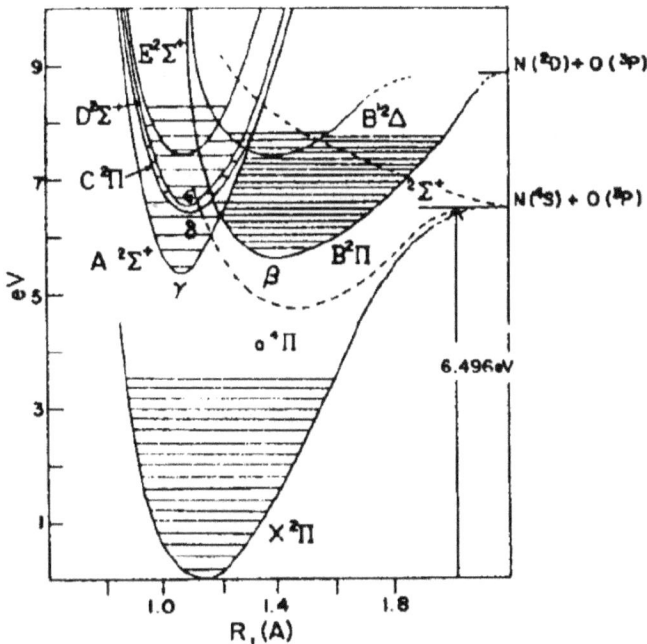

Figure 14 - Courbes d'énergie potentielle de NO en fonction de la distance interatomique.

La figure 13 montre les premiers niveaux d'énergie de la molécule de monoxyde d'azote et est tirée de Herzberg (1950). La figure 14 quant à elle illustre les courbes d'énergie potentielle de NO en fonction de la distance interatomique exprimée en angström. Sur cette dernière, on peut aisément voir les systèmes de bandes de NO au nombre de six.

- La transition depuis l'état $A^2\Sigma^+$ vers l'état fondamental $X^2\Pi$ donne le système de bandes γ
- La transition de l'état $B^2\Pi$ vers l'état fondamental $X^2\Pi$ donne le système de bandes β
- Le système de bandes δ correspond à la transition de l'état $C^2\Pi$ vers l'état $X^2\Pi$. Cette étude se concentre sur les bandes δ et γ de NO
- Enfin, les systèmes de bandes epsilon, β' et γ' correspondent aux transitions $D^2\Sigma^+$, $B'^2\Delta$ et $E^2\Sigma^+$ vers l'état $X^2\Pi$, respectivement

Notons encore que les niveaux vibrationnels sont visibles sur la figure 14 (lignes horizontales faiblement espacées) mais que les niveaux rotationnels sont trop proches que pour être représentés dans ce cas-ci.

26

1.1.8. Mécanismes

Du côté jour d'une planète (typiquement, Mars ou Vénus), les molécules de N_2 et de CO_2 de son atmosphère peuvent être photodissociées par le rayonnement EUV solaire ou par les photoélectrons. Le produit de ces dissociations est, entre autres, des atomes $O(^3P)$ et $N(^4S)$ qui sont transportés du côté nuit (pour Vénus) par la circulation sub-solaire vers anti-solaire. L'émission de NO est causée par la recombinaison radiative des atomes $O(^3P)$ et $N(^4S)$. Cette recombinaison produit NO dans l'état $C^2\Pi$ qui se relaxe selon le schéma :

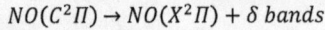

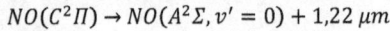

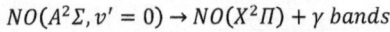

$$NO(C^2\Pi) \rightarrow NO(X^2\Pi) + \delta \ bands$$

$$NO(C^2\Pi) \rightarrow NO(A^2\Sigma, v' = 0) + 1,22 \ \mu m$$

$$NO(A^2\Sigma, v' = 0) \rightarrow NO(X^2\Pi) + \gamma \ bands$$

Le spectre de NO en ultraviolet, en figure 15, est tiré du travail de *Gérard et al.,* 2008. On y observe les bandes δ et γ de l'émission, comme il sera expliqué au chapitre 1.4. Ces bandes ont le niveau vibrationnel supérieur commun v'=0. *Stewart et al.,* 1980 ont montré que les progressions supérieures à v'=0 n'apparaissent pas dans le spectre de NO car seul le niveau v=0 de l'état $A^2\Sigma^+$ est peuplé par cascade infrarouge pour la bande γ. Similairement, les niveaux supérieurs à v'=0 n'apparaissent pas dans la bande δ. En effet, les niveaux vibrationnels supérieurs sont thermiquement inaccessibles car dépeuplés par la predissociation.

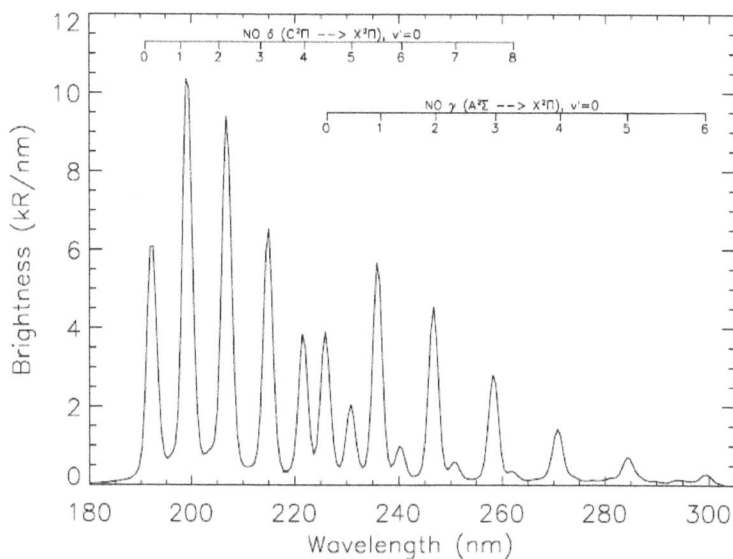

Figure 15 - Somme de 771 spectres individuels obtenus par SPICAV durant l'orbite 516 entre 90 et 120 km (Gérard et al., 2008)

Le taux d'émission total des bandes δ et γ de l'émission de NO est donc directement proportionnel au produit de la densité d'azote par celle d'oxygène. Il en résulte que l'airglow de NO est un indicateur direct de la dynamique, la température et les caractéristiques chimiques de l'atmosphère elle-même.

1.3. Emissions atmosphériques

Les aspects spectroscopiques de l'émission de NO ont été présentés dans la partie A. Ces principes généraux s'appliquent aussi aux émissions UV de CO Cameron et du doublet de CO_2^+ présentes dans le dayglow de Mars et que j'ai analysé.

1.3.1. Emissions de CO_2^+ à 289 nm et des bandes de CO Cameron de 170 à 270 nm

L'émission des bandes de CO Cameron couvre un domaine spectral compris entre 170 et 270 nm. Cette émission provient de la transition (électrique dipolaire) interdite de CO entre l'état $a^3\Pi$ et l'état $X^1\Sigma^+$. La molécule de CO excitée dans l'état $a^3\Pi$ est produite par les mécanismes photochimiques suivants (les références indiquent les mesures de section efficaces):

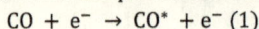

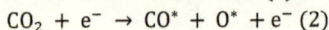

$$CO + e^- \rightarrow CO^* + e^- \quad (1)$$
$$CO_2 + e^- \rightarrow CO^* + O^* + e^- \quad (2)$$

Shirai et al. (2001)

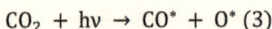

$$CO_2 + h\nu \rightarrow CO^* + O^* \quad (3)$$

Lawrence (1972)

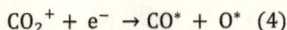

$$CO_2^+ + e^- \rightarrow CO^* + O^* \quad (4)$$

Seiersen et al. (2003), Skrzypkowski et al. (1998) et Rosati et al. (2003).

L'émission en doublet de CO_2^+ à 288 et 289 nm est causée par la désexcitation de l'état $B^2\Sigma^+$ vers l'état $X^2\Sigma^+$.

La molécule de CO_2 est source de CO_2^+ dans l'état $B^2\Sigma^+$ en suivant ces mécanismes:

$$CO_2 + h\nu \rightarrow CO_2^{+*} + e^- \quad (5)$$

Padial et al. (1981)

$$CO_2 + e^- \rightarrow CO_2^{+*} + 2e^- \quad (6)$$

Itikawa (2002)

Notons d'ores et déjà que les émissions de CO Cameron et CO_2^+ sont contrôlées par le profil de densité de CO_2, les photoélectrons et le flux solaire ultraviolet arrivant à la haute atmosphère de Mars du côté jour.

1.3.2. Dayglow martien

La haute atmosphère de Mars est une région de transition située entre l'ionosphère (influencée essentiellement par le forçage solaire) et la basse atmosphère (influencée essentiellement par des phénomènes en relation avec la surface). Cette partie de l'atmosphère a été observée et étudiée de manière intensive grâce à cinq méthodes en particulier : des observations *in situ* réalisées par une sonde pénétrant dans l'atmosphère (lors de la descente d'un rover, par exemple) ou lors de phase de freinage atmosphérique, des occultations radio, des mesures du décalage orbital d'une sonde spatiale le long de son orbite et, naturellement, des observations d'airglow.

La luminescence atmosphérique diurne (dayglow) de Mars a été observée à partir des années 1960. Les premières mesures datent de 1969 et furent réalisées par l'instrument Ultraviolet Spectrometer (UVS) à bord de la sonde Mariner 6 (Barth et al., 1971). Le même instrument à bord de Mariner 7 permis de compléter son observation (Stewart, 1972; Strickland et al., 1972). Stewart (1972), Strickland et al. (1973) et Barth et al. (1973) ont décrit des observations similaires réalisées par l'instrument UVS à bord de l'orbiteur Mariner 9. Feldman et al. (2000) ont analysé des observations du dayglow de Mars obtenues grâce au Hopkins Ultraviolet Telescope (HUT) à bord de la mission Astro-2. Depuis 2003, l'instrument SPICAM à bord de la sonde Mars Express a permis à Simon et al. (2009) et Cox et al. (2010) d'analyser le comportement des émissions de dayglow (principalement CO_2^+ et CO Cameron) de Mars sur une base de données réduite. Les données SPICAM ont aussi révélé l'existence des bandes UV de Vegard-Kaplan de la molécule N_2 (Leblanc et al., 2006, 2007). La découverte d'aurores du côté nuit de Mars est elle aussi due à SPICAM (Bertaux et al., 2005 ; Leblanc et al., 2006).

1.3.3. Nightglow martien

Le nightglow de Mars en ultraviolet n'a actuellement pas livré tous ses secrets. En effet, la détection des bandes γ et δ de l'émission de NO sur Mars est assez récente (Bertaux et al., 2005 grâce aux données SPICAM à bord de Mars Express). Actuellement, aucune autre émission UV n'a pu être observée dans le nightglow de Mars (en IR, l'émission à 1,27 μm de O_2 a été observée par l'instrument OMEGA à bord de Mars Express). Notons cependant que des aurores ultraviolettes ont été observées par SPICAM (Bertaux et al., 2005 ; Leblanc et al., 2008). Elles seront détaillées dans la suite de ce travail.

2. La mission Mars Express et l'instrument SPICAM

2.1. Mars Express

Mars Express est chronologiquement la première des deux missions (Vénus Express et Mars Express) à avoir vu le jour. Suite à l'échec de la mission russe Mars 96 (qui embarquait des instruments européens), Mars Express fut réalisée en seulement six ans. Cela lui donne son caractère *express*. En effet, la durée typique de préparation d'une mission de cette envergure est d'environ douze ans. Le délai très court fut imposé par la configuration idéale de lancement à destination de Mars en 2003.

Les buts principaux de la mission étaient les suivants:

- Effectuer la cartographie de la surface à haute résolution (10 mètres par pixel) et très haute résolution (2 mètres par pixel)
- Détailler la composition de l'atmosphère et caractériser la circulation globale
- Détailler la composition minérale de la surface
- Déterminer la structure de la croûte jusqu'à une profondeur de quelques kilomètres
- Etudier l'interaction entre l'atmosphère et le vent solaire
- Déterminer la géologie et la composition chimique et minérale du site d'atterrissage du lander Beagle 2
- Chercher des signes de vie
- Etudier le climat en surface

Malheureusement, le contact avec l'atterrisseur est perdu dès son entrée dans l'atmosphère. Les trois derniers objectifs scientifiques principaux ne furent donc pas remplis.

Mars Express fut lancée le 2 juin 2003 à 17 h 45 UTC, par un lanceur Soyouz doté d'un 4ème étage supérieur Fregat, depuis le Cosmodrome de Baïkonour au Kazakhstan. La sonde et l'étage supérieur furent placés d'abord sur une orbite d'attente autour de la Terre de 200 km d'altitude pendant 1h20. Ensuite, l'étage Fregat a été rallumé pour envoyer la sonde sur une orbite de transfert vers Mars. Mars Express entame alors son périple de 400 millions de km. Au cours du premier mois du transit vers Mars, le fonctionnement des instruments a été vérifié. Ces derniers sont ensuite été placés en état d'hibernation à l'exception de la caméra HSRC qui a été activée à deux reprises pour photographier la Terre et la Lune. Un mois avant le rendez-vous avec Mars, la sonde a utilisé ses moteurs pour modifier sa trajectoire de manière à ce que l'atterrisseur Beagle (qui était dépourvu de propulsion) puisse atteindre Mars et se poser sur le site sélectionné. Le 19 décembre 2003, cinq jours avant le rendez-vous avec Mars, le module Beagle 2 a été désolidarisé de la sonde par un dispositif pyrotechnique et est placé en rotation pour stabiliser sa trajectoire. Le 25 décembre la propulsion principale est utilisée durant 37 minutes pour freiner la sonde et l'insérer sur une orbite fortement elliptique avec une inclinaison de 25°. Les jours suivants, de petites corrections ont été effectuées. Enfin, le 30 décembre 2003, une correction plus importante place la sonde sur son orbite de travail (Figure 11). Mars Express suit une orbite polaire avec une inclinaison de 86°, un périgée de 298 km et un apogée de 10 107 km, de sorte que la sonde effectue un passage proche de Mars en longeant la surface d'un pôle à l'autre durant lequel elle fait fonctionner ses instruments scientifiques. Elle s'éloigne ensuite de Mars et pointe son antenne vers la Terre. La première phase dure entre une demi-heure et une heure et la télémétrie dure entre 6h30 et 7h.

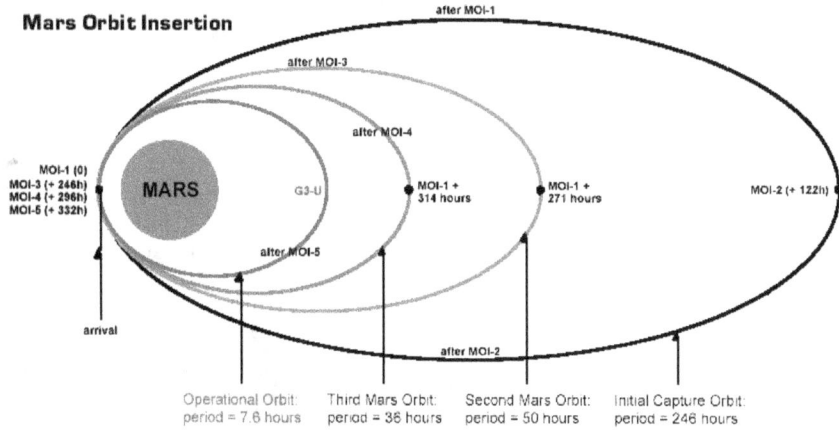

Figure 11 - insertion de Mars Express sur son orbite de travail (en rouge). Crédit ESA.

L'atterrisseur Beagle 2 ne disposait pas, pour des raisons de poids, d'équipements radio lui permettant de transmettre directement ses données vers la Terre. Sa première émission radio devait être émise après son atterrissage sur le sol martien le 25 décembre 2003 à 3h40. La sonde Mars Odyssey devait survoler le site vers 5h30 et utiliser son équipement de réception radio pour recevoir le signal de Beagle 2 et le relayer vers la Terre. Aucun signal ne sera capté par Mars Odyssey lors de son passage, ni plus tard.

Le 28 septembre 2005, l'ESA a annoncé une première prolongation de la mission de 687 jours, correspondant à une année martienne. Trois nouvelles prolongations ont repoussé la fin de la mission Mars Express à décembre 2014.

Lors du lancement, Mars Express totalisait un poids de 1120 kg, la moitié étant réservée au carburant. Ses dimensions sont 1,5m par 1,8m par 1,4m et la surface de ses panneaux solaires est de 12 m^2. La charge utile de l'orbiteur est de 116 kg et celle de l'atterrisseur de 60 kg. Les instruments embarqués sont les suivants :

- High Resolution Stereo Camera (HRSC) : enregistrement des images de la planète en couleur et en trois dimensions, avec une résolution d'environ 10 mètres. Enregistrement de certains sites à très haute résolution (2 mètres). Investigateur principal : Gerhard Neukum (Freie University, Berlin, Germany)

Figure 12 - HRSC

- Observatoire pour la Minéralogie, l'Eau, les Glaces et l'Activité (OMEGA) : Spectromètre travaillant dans le visible et le proche infrarouge (0,5 - 5,2 mm). Etude de la composition minéralogique de la surface par analyse spectrale. Investigateur principal : Jean-Pierre Bibring (Institut d'astrophysique spatiale d'Orsay, France)

Figure 13 - OMEGA

- SPectroscopy for the Investigation of the Characteristics of the Atmosphere of Mars (SPICAM): Spectromètre infrarouge et ultraviolet (120 - 320 nm). Détermination de la composition de l'atmosphère. Investigateur principal : Jean-Loup Bertaux (LATMOS, France), puis Franck Montmessin (LATMOS).

Figure 14 - SPICAM

- Planetary Fourier Spectrometer (PFS) : Etude de la composition de l'atmosphère par absorption du flux solaire (1,2 - 45 μm). PFS mesure la quantité de CO_2 à chaque altitude afin d'en déduire la température de l'atmosphère. Investigateur principal : Vittorio Formisano (Istituto Sica Spazio Interplanetario de Rome)

Figure 15 - PFS

- Analyser of Space Plasmas & EneRgetic Atoms (ASPERA 3) : Aspera mesure les quantités de particules chargées ainsi que certains atomes neutres chauds de l'ionosphère. Son but est de caractériser les régions d'interaction entre l'atmosphère de Mars et le vent solaire. Investigateur principal : R. Lundin (Swedish Institute of Space Physics de Kiruna).

Figure 16 - ASPERA

- Mars Radio Science Experiment (MaRS) : Etude des signaux radios transitant entre la Terre et le satellite dans le but d'analyser l'ionosphère, l'atmosphère, la surface et l'intérieur de la planète. La rugosité de la surface de Mars est obtenue en analysant la façon dont les ondes radios s'y réfléchissent. Son intérieur est sondé grâce à son champ de gravité. Investigateur principal : Martin Patzold (Université de Cologne)

Figure 17 – MarS et Marsis

- Mars Advanced Radar for Subsurface and Ionosphere Sounding (MARSIS) : Le radar MARSIS a pour objectif de sonder la surface de Mars jusqu'à des profondeurs de quelques kilomètres. Investigateur principal : Giovanni Picardi (Université de Rome, Italie)

L'orbite de Mars Express est presque polaire. Elle est excentrique afin d'alterner entre une phase à haute résolution spatiale (lorsque MeX est proche de son périgée) et une phase permettant un large champ d'observation (au voisinage de l'apogée). Le Tableau 2 synthétise les principaux paramètres orbitaux de Mars Express.

Paramètre orbital	Mars Express
Périgée	260 km
Apogée	11560 km
Excentricité	0,943
Inclinaison	86,583°
Demi Grand Axe	9354,1 km
Période	6h40

Tableau 2- Paramètres orbitaux de Vénus Express

2.2. SPICAM

L'instrument SPICAM (SPectroscopy for the Investigation of the Characteristics of the Atmosphere of Mars) est l'un des instruments hérités de la mission Mars 96. Il en est la version allégée (la version Mars 96 de SPICAM pesait 46 kg, contre 4,7 kg pour SPICAM/MEX). SPICAV est la version réduite de ces deux versions. SPICAV comporte un troisième canal observant dans l'infrarouge, SOIR (Solar Occultation in the InfraRed), que n'a pas SPICAM (Bertaux et al., 2005). SOIR est principalement utilisé pour réaliser des occultations solaires. Le chapitre 2.2 de la partie A est consacré à la description de l'instrument SPICAV. Néanmoins, les informations données dans ce chapitre sont identiques pour SPICAM ou, lorsque les deux instruments diffèrent, des informations supplémentaires concernant SPICAM sont données.

Dans cette section, les caractéristiques de l'instrument SPICAV-UV (Bertaux et al., 2007) sont exposées. Les informations données pour SPICAV-UV sont néanmoins identiques concernant SPICAM-UV (Bertaux et al., 2006) ou, lorsque ce n'est pas le cas, des précisions sont clairement apportées. Le bloc spectrométrique (SU : Sensor Unit) de SPICAV est divisé en trois spectromètres : deux observent dans l'infrarouge et un dans l'ultraviolet. Nous nous contenterons de décrire en détail la partie ultraviolette, partie utilisée dans le cadre de cette étude. Ceci est justifié par l'indépendance optique des trois canaux. SPICAV répond à des cas scientifiques (science cases ou modes scientifiques, Titov et al., 2006) qui sont au nombre de onze. Ils sont répartis tout au long de plusieurs orbites et correspondent chacun à un type de pointage particulier (et non à un objectif scientifique particulier tels que définis dans la section précédente). Cela a pour avantage qu'un même cas scientifique peut remplir plusieurs objectifs scientifiques. Le choix parmi les onze modes scientifiques se fait donc en partie en fonction des contraintes observationnelles. Ils sont répartis comme suit :

1. Observation nadir autour du périastre
2. Observation nadir entre l'apoastre et le périastre
3. Mosaïque nadir autour de l'apoastre
4. Sondage radar bi-statique
5. Occultation stellaire
6. Occultation solaire
7. Observation au limbe
8. Occultation radio de la Terre
9. Etude de la couronne solaire
10. Etude des anomalies gravitationnelles
11. Observation de cibles autres que Vénus

SPICAV ne couvre bien entendu pas tous les cas exposés ci-dessus. SOIR couvre principalement le cas scientifique 6. SPICAV-UV couvre les modes 2,3, 5 et 7. Décrivons ces différents types d'observations.

- Observations au nadir (modes 2 et 3) : SPICAV se trouve loin de la planète et pointe directement vers son centre. De grandes coupes latitudinales d'airglow sont alors enregistrées. L'airglow enregistré est l'intégrale verticale des émissions locales. Dans ce cas, le signal enregistré est moins important que lors d'observations réalisées à altitude du point tangent de la ligne de visée constante proche de l'altitude du maximum d'émission de l'airglow. Récemment, un nouveau type d'observation nadir 'pendulum' a été mis en œuvre. Il permet de cartographier l'airglow dans des régions latitude/longitude de faible taille.
- Occultations stellaires (science case 5) : SPICAV pointe vers une étoile déterminée. La ligne de visée entre alors dans l'atmosphère et le signal diminue en raison de l'absorption de l'émission stellaire par les gaz absorbants. Cela permet de retrouver le profil vertical de densité de CO_2. Ce type d'observation n'a pas été utilisé dans le cadre de cette thèse.
- Observations au limbe (science case 7) : pour ce type d'observation, SPICAV pointe directement vers l'atmosphère alors que VeX se trouve proche du péricentre. Plusieurs variantes de ce type d'observations existent :
  - Limbe rasant (grazing limb) : SPICAV pointe l'atmosphère alors que la ligne de visée est située en dehors du plan de l'orbite. C'est le cas le plus utilisé pour les analyses au limbe de cette étude. Dans une observation dans ce mode, le temps d'observation de l'atmosphère (et donc de l'airglow) est maximum.
  - Pointage au limbe (imb tracking) : SPICAV pointe dans l'atmosphère un endroit particulier alors que la ligne de visée est située en dehors du plan de l'orbite. Il s'agit donc d'un cas particulier de limbe rasant. L'objectif de ce genre de pointage est l'étude de l'évolution temporelle d'une parcelle d'air via son airglow.
  - Limbe tangent : SPICAV pointe dans l'atmosphère alors que la ligne de visée est située dans le plan de l'orbite. Ces observations ont une courte durée car la ligne de visée quitte rapidement l'atmosphère. Néanmoins, leur avantage est d'offrir une grande résolution spatiale.

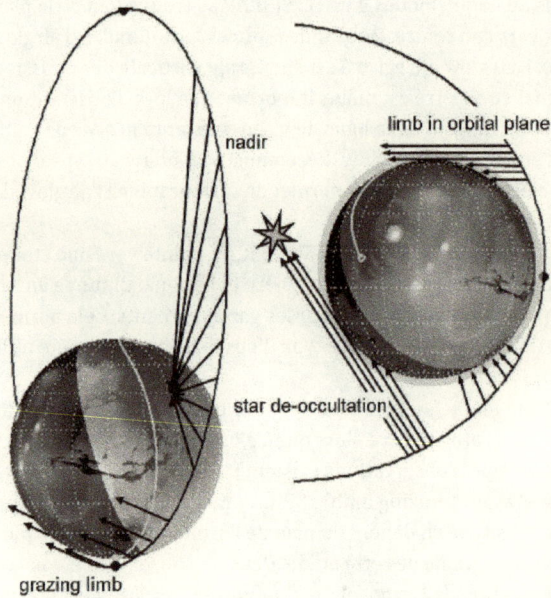

Figure 24 - Différentes modes d'observation de SPICAV (nadir, occultation stellaire, limbe rasant).

1.1.1. Caractéristiques techniques et optiques de SPICAV-UV

SPICAV est un spectromètre travaillant dans le domaine spectral ultraviolet de 118 à 320 nm. Il possède un échantillonnage de 0.55 nm par pixel, pour une résolution spectrale de 1.5 nm. Le champ de vue d'un pixel est de 40'' X 40''. Le schéma de l'optique de SPICAV est donné à la figure 25. La figure 26 montre les modes de lecture du CCD qui apparait dans la figure 27.

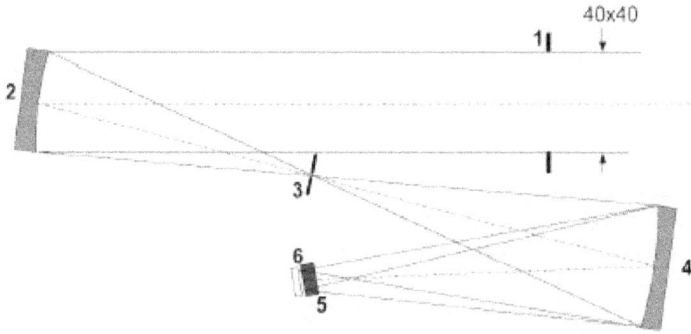

Figure 25 - Schéma optique de SPICAV. Adapté de Bertaux et al., 2006.

Le long de son chemin optique dans SPICAV, la lumière atteint d'abord un miroir parabolique hors axe de 118.125mm de focale. Elle passe ensuite par un réseau de diffraction avant d'atteindre une pupille d'entrée de 40 mm de large. Deux baffles limitent le flux entrant dans le système optique. L'un des deux est situé à l'intérieur et l'autre, dont SPICAM est dépourvu, est à l'extérieur de l'instrument. Au foyer du miroir parabolique se trouve une fente d'entrée. Elle peut prendre deux largeurs qui conditionnent la résolution spectrale (50µm ou 500µm) et le flux pénétrant l'instrument (voir Figure 26). Une observation en mode grande fente sera utile dans le cas où une résolution spectrale moindre n'est pas discriminatoire, mais où il est nécessaire d'avoir un flux de photons plus important (typiquement, une observation en mode nadir). Par contre, une observation de type grande fente sera utile dans le cadre, par exemple, d'une détection possible de nouveaux composants émetteurs dans le spectre (par exemple, dans le cas de la détection d'aurores sur Mars).

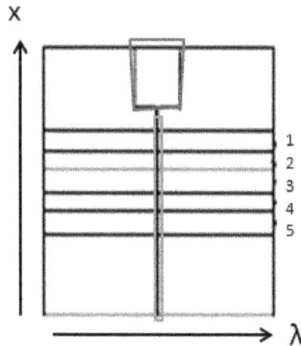

Figure 26 - Différentes possibilités de lecture du CCD. La fente d'ouverture est représentée par le T vertical. Selon la position du bin, une observation peut donc être de type grande ou petite fente.

Lorsque la lumière quitte le parcours optique décrit, elle atteint un intensificateur suivi d'un détecteur CCD modèle Thomson7863M à transfert de trame. La moitié de la surface du CCD sert à l'observation tandis que l'autre moitié sert au stockage des électrons créés pendant la numérisation du signal. Le CCD comporte 407 colonnes de 288 lignes de lecture (pour un total de 407 X 576 pixels). Certaines de ces colonnes cependant sont cachées du flux extérieur et servent à l'enregistrement du courant d'obscurité. D'autres colonnes sont des isolants entre les différentes parties du CCD. L'intensificateur est une photocathode de CsTe dont la valeur de la haute tension (HT) à une importance sur l'observation. Ce point sera discuté par la suite. Dans le cas de SPICAM, les photons passent une lame de saphir qui est collée à l'intensificateur afin de réduire le rayonnement d'ordre 2 du réseau. L'intensificateur est nécessaire du fait qu'à chaque réflexion (dans l'UV), environ 1/3 du flux lumineux est perdu.

La manière avec laquelle sont lues les données est brièvement expliquée ci-dessous. Le lecteur désireux d'en savoir davantage à ce sujet est renvoyé aux notes techniques d'utilisation et de lecture des données prises par les instruments SPICAV et SPICAM.

Le lecteur CCD peut être lu soit entièrement, soit par parties. Cela est indiqué pour chaque observation en fonction de plusieurs paramètres. Une représentation des différents types de lecture est présenté en figure 26. La première ligne lue du CCD permet de savoir à partir de quel endroit sera lu le CCD. Ce paramètre est particulièrement important car il permet de savoir si les lignes sont lues après avoir traversé la petite ou la grande fente (ou un mélange des deux). Le paramètre de binning (c'est-à-dire de regroupement) définit le nombre de lignes du CCD qui sont sommées lors de la phase d'acquisition du signal. Cinq bins spatiaux sont définis de la sorte (aussi appelées bandes). En pratique, cela signifie que pour chaque observation, cinq micro-observations adjacentes sont réalisées. Enfin, le code opératoire nous renseigne sur le mode d'acquisition utilisé. Pour chacun des modes, cinq acquisitions sont faites à chaque seconde (une par bande), mais elles peuvent varier selon le code opératoire, de sorte qu'à chaque seconde, on peut choisir de lire soit cinq lignes adjacentes du CCD, cinq groupes adjacents et égaux en nombre de lignes du CCD ou encore cinq groupes adjacents et non égaux en nombre de lignes du CCD.

L'intensité des données est fournie en nombre de coups (ADU). Cette unité est directement proportionnelle au nombre d'électrons créés dans le CCD (et donc au nombre d'impact de photons). Afin d'obtenir une grandeur physique de l'émission enregistrée (Rayleigh), il est nécessaire de tenir compte de l'efficacité quantique de la photocathode de l'intensificateur. Elle est dépendante de la longueur d'onde du photon impactant et prend la forme de la surface efficace de l'instrument. Les surfaces efficaces de SPICAV et SPICAM ont été obtenues en mesurant des spectres d'étoiles chaudes connus a priori (observés par IUE). Les surfaces efficaces de SPICAM et SPICAV sont représentées dans la figure 28. Elles sont légèrement différentes du fait des faibles différences entre la conception de SPICAV et de SPICAM. En particulier, la présence de la lame de saphir dans SPICAM et son absence dans SPICAV change la forme de la courbe de surface efficace entre 150 et 200 nm. Notons aussi qu'au-delà de 320 nm, SPICAV est totalement aveugle. L'unité utilisée pour l'airglow est le

Rayleigh, ce qui correspond à 10^6 photons émis dans 4π stéradians (émission isotropique) par seconde et par centimètre carré.

La structure avec laquelle les données nous sont transmises est amplement décrite dans les notes techniques du LATMOS. Une version de travail, résumée, est cependant ajoutée en annexe A.

Le canal infrarouge de SPICAV, ainsi que l'instrument SOIR n'ont pas été utilisés dans le cadre de ce travail. En effet, l'étude effectuée a été réalisée à partir de données ultraviolettes et SOIR est un spectromètre infrarouge qui mesure l'atmosphère de Vénus par la technique d'occultation solaire entre 2.2 et 4.3 µm. L'instrument SOIR est amplement décrit dans les travaux de Nevejans et al. (2006), Vandaele et al. (2010) et Mahieux (2011).

3. Travail effectué sur Mars

3.1. L'étude du dayglow de Mars

3.1.1. Avant-propos

L'étude de la structure thermique de la haute atmosphère (thermosphère - exosphère) de Mars est un élément crucial car elle régule (in)directement l'échappement de volatiles de l'atmosphère martienne (son érosion). La structure thermique de la haute atmosphère de Mars (au-dessus de 150 km, voir Figure 18) est, au premier ordre, contrôlée par le flux UV solaire, le refroidissement dû à l'absorption de l'émission à 15 µm de CO_2, la conduction moléculaire thermique et les vents (Bougher et al., 1995 ; 2002 ; 2008 ; 2013 et Mueller-Wodarg et al., 2008). L'impact sur cette structure d'ondes de gravité se propageant de bas en haut dans l'atmosphère a été envisagé ces dernières années (Moudden and Forbes, 2008 ; 2012 ; Parish et al., 2009 ; Medvedev et al., 2011 ; 2012 ; Hickey et al., 2013). Néanmoins, il est encore mal compris et n'est pas quantifié actuellement.

L'étude de la structure thermique de la haute atmosphère était limitée (spatialement et temporellement) avant l'avènement de Mars Global Surveyor et de Mars Express. Elle avait débuté avec le profil vertical obtenu lors des descentes de Viking 1 et 2 (Seiff and Kirk, 1977, voir Figure 18). D'autres méthodes sont maintenant accessibles et procurent une excellente couverture pour cette étude (freinage orbital atmosphérique, aerobraking, airglow).

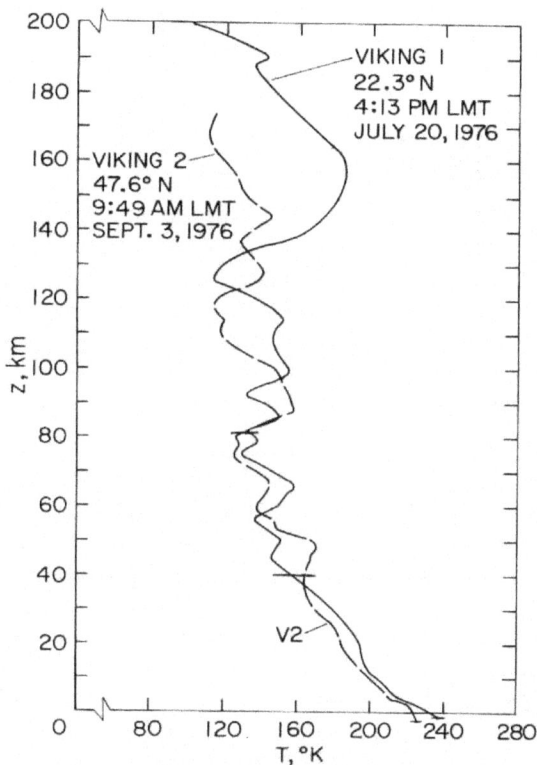

Figure 18 - Profils verticaux de température obtenus par la descente de Viking 1 et Viking 2 (sous conditions d'activité solaire faible). Seiff and Kirk, 1977.

Les différentes méthodes d'étude de la température de la haute atmosphère de Mars permettent de contraindre les modèles atmosphériques afin de mieux comprendre les phénomènes la contrôlant. En particulier, dans cette étude, le modèle M-GITM est utilisé pour les comparaisons avec les données SPICAM. Le M-GITM est un modèle tridimensionnel non hydrostatique qui s'étend de la surface de Mars à 250 km d'altitude. Il ne prend pas en compte, dans cette version, le forçage dû au dépôt d'impulsion et d'énergie pas les ondes de gravité, mais uniquement le forçage solaire. Le M-GITM est la version étendue du MTGCM.

Les mesures d'accélération (Keating et al., 2008 ; présentées à la Figure 19) ont été récemment comparées pour valider le MTGCM-M-GITM (Bougher et al., 2013). Les profils de température montrent une augmentation avec l'altitude, depuis une élévation de 100 km, jusqu'à atteindre une zone exosphérique (proche de 150 km). L'influence de la position sur la planète (latitude et temps local) a été analysée (voir Figure 19).

44

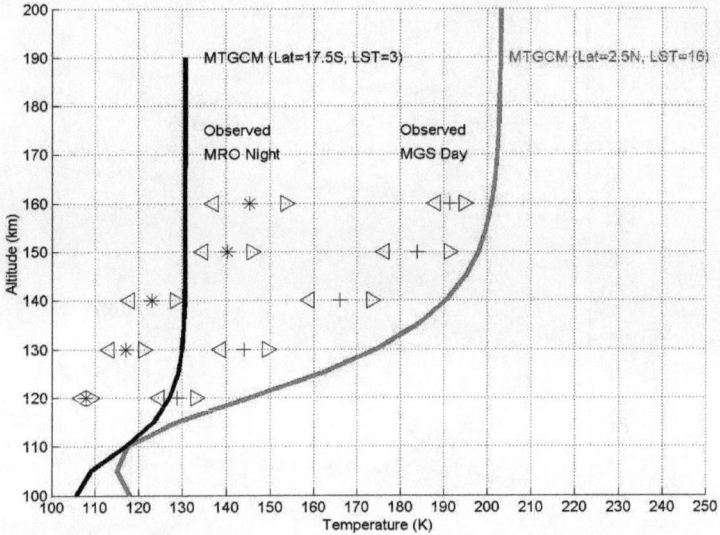

Figure 19 - Comparaison entre les températures obtenues par MRO (côté nuit), MGS (côté jour) et le MTGCM. Adapté de Bougher et al., 2013.

Néanmoins, les modèles tels que le MTGCM et le M-GITM ne sont actuellement pas capable de reproduire des variations à petite échelle temporelle. La comparaison est donc plus aisée avec des moyennes, telles que, par exemple, celles données dans le travail de Forbes et al. (2008), voir Figure 20. Comme le flux solaire est sensé contrôler, en première approximation, la température de la haute atmosphère, il est nécessaire de quantifier l'importance de la saison (longitude solaire), l'angle solaire zénithal (SZA) et l'activité solaire EUV (mesurée via l'indice F10.7). Pour ce faire, comme indiqué précédemment, plusieurs techniques de mesures de la température ont été utilisées. Le Tableau 3 reprend les principales techniques et compare leurs résultats.

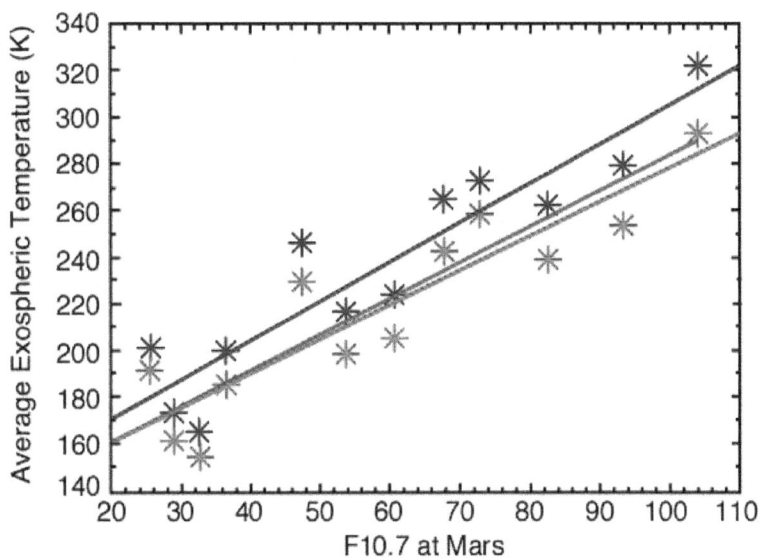

Figure 20 - Comparaison des mesures de température exosphériques (Forbes et al., 2008) et le MTGCM (Bougher et al., 2009). En vert, mesures de drag atmosphérique (Forbes et al., 2008, périapse ~ 370 km, LT ~ 1400, 40-60°S, moyenné sur 81 jours). En rouge, modèle MTGCM avec 19% d'efficacité du flux extrême ultraviolet. En bleu, modèle MTGCM avec 22% d'efficacité du flux extrême ultraviolet.

Sources (airglow, mesure de densité)	Indice F10.7 (valeur sur Terre)	Longitude solaire (LS, représentant la saison)	Angle solaire zénithal (SZA)	Température exosphérique (K) et sa variation
Mariner 6 et 7 (mesure d'airglow de CO Cameron et CO₂⁺)	167-188	200	0-44	~315 ± 75 ~350
Mariner 9 (mesure d'airglow de CO Cameron)	-	-	-	~325 (de 270 à 445)
Viking 1 et 2 (descente de sonde dans l'atmosphère)	~70-80	~96-117	~44	~185 (VL1) ~145 (VL2)
MGS1	~93	256	<74	220
MGS2	~110-130	67	<60	190 ± 10
Mars Express (Leblanc et al., 2006) : mesures d'airglow par SPICAM)	~74-133	101-171 (Mars année 27)	<80	~252 ± 13 ~201 ± 10
MGS mesure de freinage	~80 -200	Toutes valeurs	<75	~180-290

Tableau 3 - Comparatif des mesures de température exosphérique de Mars par différentes méthodes

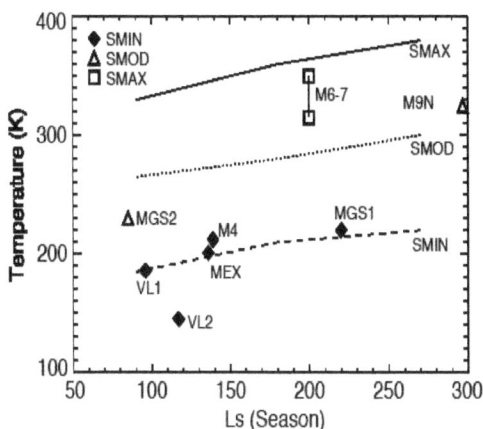

Figure 21 - Comparaison de l'influence de la saison sur la température exosphérique, déduite par différentes méthodes d'observation (symboles) et la modélisation (lignes).

Les valeurs reprises au Tableau 3 peuvent être alors comparées avec celles du M-GITM. La comparaison est présentée en Figure 21. Le point MEX reprend l'étude de Leblanc et al. (2006). Les résultats de cette étude diffèrent légèrement de ceux de Leblanc et al. (2006). Ils sont présentés dans l'article ci-dessous. La Figure 21 montre clairement que les différentes techniques de mesure de la température de Mars procurent des résultats différents.

La première comparaison effectuée est celle avec l'étude de Leblanc et al. (2006) qui utilise la même technique. Les Figures 22 et 23 montrent cette comparaison en illustrant la température de l'étude de Leblanc et al. (2006) par une étoile et le résultat de cette étude par un losange. On remarque que les deux études donnent des résultats légèrement différents. Plusieurs hypothèses peuvent expliquer ces différences. Leblanc et al. (2006) donnent deux valeurs de la température (une pour l'entrée, une pour la sortie) par orbite. Or, chaque bin spatial (au nombre de cinq) de SPICAM est capable de produire une observation que l'on peut considérer comme indépendante des autres. Mon étude montre les dix valeurs de la température obtenues par orbite et il est possible que l'étude de Leblanc et al. (2006), ne disposant pas des techniques développées après 2006 pour la soustraction du bruit enregistré par SPICAM, ait du rejeter de nombreuses sous-observations. Ceci pourrait aussi expliquer la différence de la valeur de la température, comme suggéré par le fait que les températures dérivées des profils d'émission de CO Cameron, qui possèdent un meilleur rapport signal sur bruit, sont plus proches pour les deux études que ceux tirés des profils de brillance de CO_2^+. Il est aussi possible que la température indiquée soit une moyenne sur les cinq bins spatiaux. Cette hypothèse serait peu favorable pour l'étude de Leblanc et al. (2006) car je montre dans cette analyse que la température de la thermosphère peut connaitre de grandes variations sur de courtes distances. Enfin, notons que les différences de température moyenne et d'influence de certains facteurs sont probablement dues à un biais observationnel

48

de l'étude de Leblanc et al. (2006) qui disposaient d'une statistique plus faible. En effet, les valeurs moyennes sur le même échantillon de données de l'étude de Leblanc et al. (2006) et de cette étude ne sont pas statistiquement différentes. Ce résultat a été calculé avec 99 % de certitude en appliquant aux 2 x 2 moyennes le test t de Student.

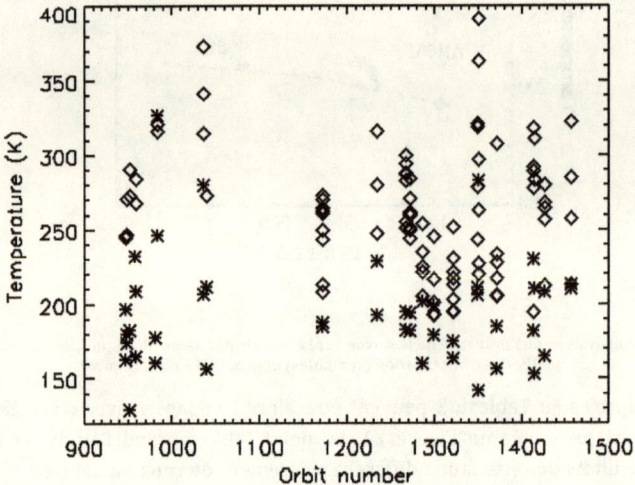

Figure 22 – Comparaison des températures étudiées par Leblanc et al. (2006) (étoiles) et dans cette étude (losanges) à partir des profils d'émission de CO_2^+.

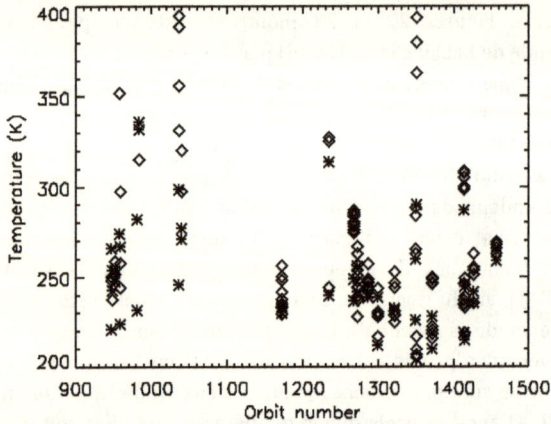

Figure 23 – Comparaison des températures étudiées par Leblanc et al. (2006) (étoiles) et dans cette étude (losanges) à partir des profils d'émission de CO Cameron.

Il est possible de déterminer la température de l'atmosphère neutre de Mars à partir du profil d'émission de CO Cameron et de CO_2^+ enregistré par SPICAM en mode limbe rasant. Un exemple illustrant la technique est montré aux Figures 24 et 25. Sur ce profil d'intensité, la région où la brillance diminue de manière exponentielle avec l'altitude est mise en évidence. Cette région se situe quelques kilomètres au-dessus du pic jusqu'à une altitude où le profil d'émission devient vertical. Cette région ne doit pas comporter de point d'inflexion (pas de second pic) afin de garantir que l'atmosphère soit transparente à l'émission (pas d'absorption). Une méthode d'ajustement de Levenberg-Marquart est appliquée pour ajuster l'émission par une exponentielle dont la pente est l'inverse de la hauteur d'échelle. Comme H=kT/mg, la température est déterminée à partir de la hauteur d'échelle en prenant g local et m = 44 g mol^{-1} (la masse de CO_2). Chaque profil est visuellement inspecté pour remplir les conditions précitées et pour vérifier la qualité de l'ajustement. L'incertitude sur la détermination de la température est elle aussi calculée, connaissant l'erreur affectant les mesures. Les résultats sont présentés ci-dessous.

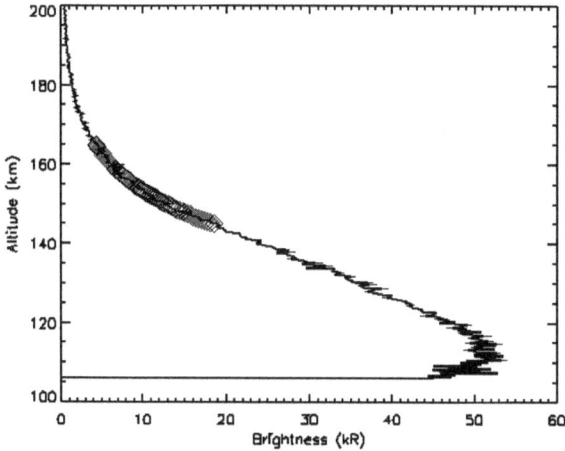

Figure 24 - Profil vertical d'émission de CO_2^+ enregistré par SPICAM. La hauteur d'échelle est obtenue en ajustant la partie grisée par une fonction exponentielle. De la hauteur d'échelle est déduite la température.

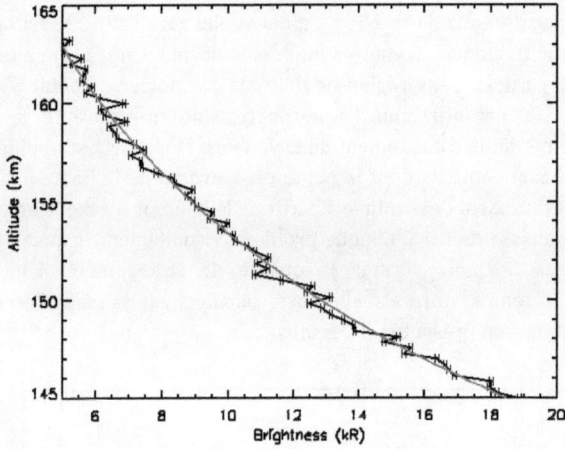

Figure 25 - Profil vertical d'émission de CO_2^+ enregistré par SPICAM. La hauteur d'échelle est obtenue en ajustant la partie verte par une fonction exponentielle. De la hauteur d'échelle est déduite la température. Détail de la Figure 24.

L'étude se concentre donc sur une détermination de la température dans la thermosphère (z ~150 km et plus). Cette région se situe au-dessus de l'homopause (z ~130 km), ce qui justifie d'utiliser la masse de CO_2 dans la détermination de la température à partir de la hauteur d'échelle (sous l'homopause, il aurait été nécessaire de considérer le mélange de constituants atmosphériques). Néanmoins, avant d'analyser l'erreur sur la température déduite, vérifions que la hauteur d'échelle de CO_2^+ est identique à celle de l'atmosphère neutre. De même, si d'autres réactions produisent du CO_2^+ ($B^2\Sigma^+$) et du CO excité dans l'état $a^3\Pi$, il est nécessaire de les quantifier afin d'être sûr que ces états excités proviennent majoritairement de CO_2 et que la hauteur d'échelle de l'émission reflète bien la hauteur d'échelle de l'atmosphère neutre.

Le niveau $B^2\Sigma^+_u$ de CO_2^+ (ainsi que son niveau $A^2\Pi_u$) peut être peuplé par trois processus (Degges and Dalgarno, 1971) :

- Photoionisation directe de CO_2 par le rayonnement solaire UV

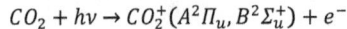

$$CO_2 + h\nu \rightarrow CO_2^+(A^2\Pi_u, B^2\Sigma^+_u) + e^-$$

- Diffusion par fluorescence (nommée simplement fluorescence par la suite) de l'ion CO_2^+ par le rayonnement solaire UV

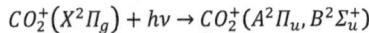

$$CO_2^+(X^2\Pi_g) + h\nu \rightarrow CO_2^+(A^2\Pi_u, B^2\Sigma^+_u)$$

- Excitation et ionisation de CO_2 par impact photoélectronique

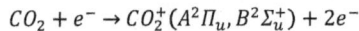

$$CO_2 + e^- \rightarrow CO_2^+(A^2\Pi_u, B^2\Sigma^+_u) + 2e^-$$

51

Nous avons jusque-là négligé l'importance de la fluorescence de CO_2^+ dans l'émission du doublet. Dalgarno and Degges (1971) estiment que ce processus contribue pour ~30% à l'intensité de CO_2^+ sur Mars. Dalgarno, Degges and Stewart (1970) font la même estimation à partir de données de Mariner 6. Ils utilisent dans leurs calculs le facteur d'émission[1] du processus $CO_2^+\left(X^2\Pi_g\right) + h\nu \to CO_2^+\left(B^2\Sigma_u^+\right)$. Néanmoins, Leblanc et al. (2006) négligent cette réaction. Bhardwaj and Jain (2013) montrent que cette réaction ne contribue que pour ~3% de l'émission de CO_2^+ dans le cas de Vénus. Les mêmes auteurs (Jain and Bhardwaj, 2011) négligent la réaction dans le cas de Mars et confirment la valeur du facteur g utilisée précédemment. Afin de réexaminer et de quantifier l'importance de la fluorescence dans l'émission de $CO_2^+(B^2\Sigma_u^+)$, il est nécessaire de disposer de profils de densité de l'ion CO_2^+. Ces profils ont été mesurés par les sondes Viking 1 et Viking 2 et calculés par Jain and Bhardwaj (2011) en utilisant deux modèles de flux solaire (EUVAC et S2K) pour des activités solaires faibles (les mesures de Viking ont été obtenues lors d'une période d'activité solaire faible, F10.7 ~ 30 à Mars). La Figure 26 montre les profils de densité de CO_2^+ calculés par Jain and Bhardwaj (2011). La Figure 27 montre le profil de densité de CO_2^+ à partir de Viking 1. La Figure 28 montre le profil de densité de CO_2^+ à partir de Viking 2. Les densités de Viking proviennent du travail de Hanson et al. (1977).

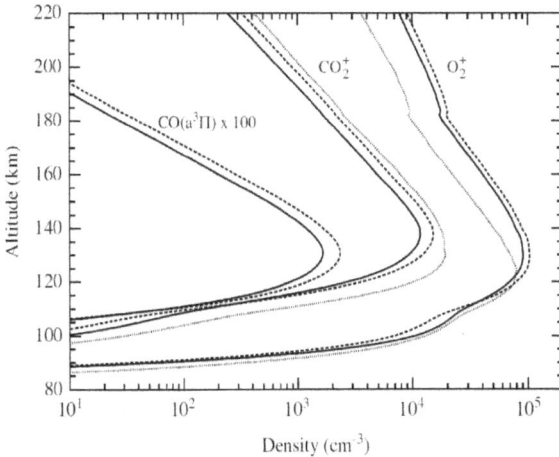

Figure 26 - Profils de densité de CO Cameron, CO_2^+ et O_2^+ dans l'atmosphère de Mars. De Jain and Bhardwaj, 2011.

---

[1] *g-factor* = 1,2 x 10^{-3} photon s^{-1}

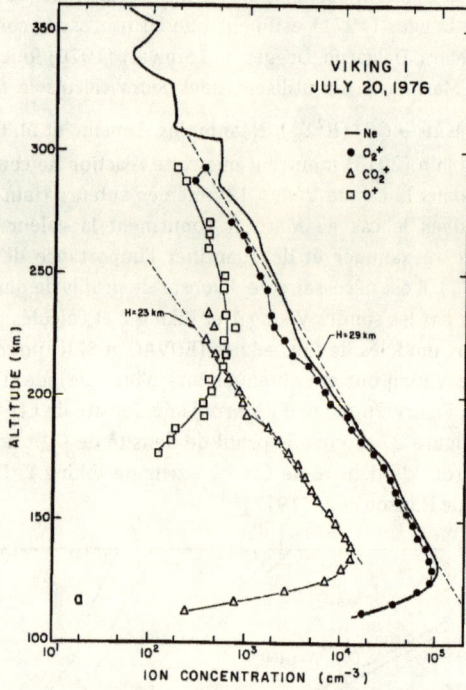

Figure 27 - Profil de densité de Viking 1. De Hanson et al. (1977)

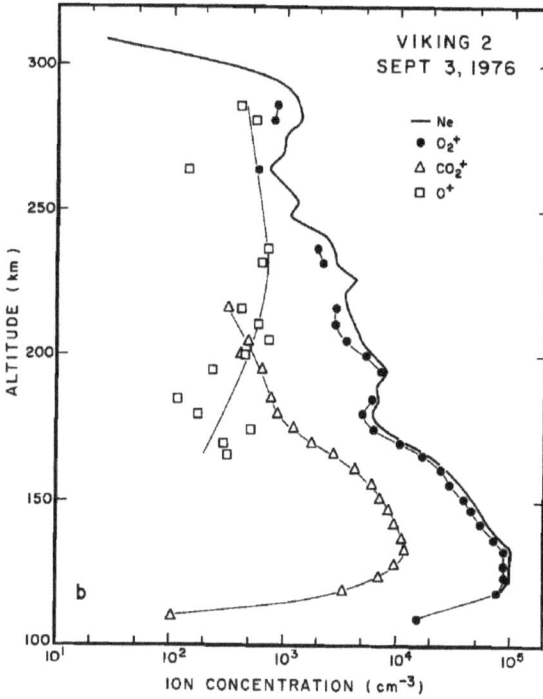

Figure 28 - Profil de densité de Viking 2. De Hanson et al. (1977).

La Figure 29 résume ces profils de densité. Les losanges illustrent la densité de CO_2^+ avec un flux solaire minimum calculé par le modèle EUVAC. Les triangles utilisent le même modèle avec un flux solaire moyen. Les carrés utilisent le modèle S2K avec une activité solaire minimum. Les croix et les ronds représentent les mesures de la densité de CO_2^+ par Viking 1 et 2, respectivement. Ces mesures ont été effectuées durant un minimum d'activité solaire. Les profils de densité utilisant les modèles S2K et EUVAC de flux solaire sont tirés de Jain and Bhardwaj, 2011. Les densités mesurées par Viking proviennent du travail de Hanson et al., 1977.

54

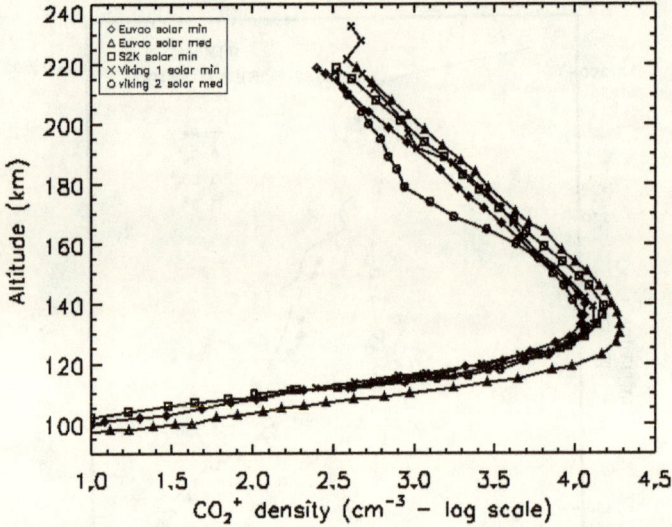

Figure 29 - Profils de densité de CO2+ utilisés dans cette étude. Adapté de Jain and Bhardwaj, 2011 et Hanson et al., 1977.

Le taux d'émission volumique dû à la fluorescence des ions CO_2^+ est simplement donné par sa densité multipliée par le facteur g dans le régime optiquement mince. Il est à comparer avec le taux d'émission volumique total de CO_2^+ qui tient compte des trois sources citées ci-dessous. Le résultat est illustré à la Figure 30. Les losanges illustrent le taux d'émission volumique par fluorescence de CO_2^+ avec un flux solaire minimum calculé par le modèle EUVAC. Les triangles utilisent le même modèle avec un flux solaire moyen. Les carrés utilisent le modèle S2K avec une activité solaire minimum. Les croix et les ronds représentent les mesures du taux d'émission volumique par fluorescence de CO_2^+ à partir du profil de densité de CO_2^+ mesuré par Viking 1 et 2, respectivement. Ces mesures ont été effectuées durant un minimum d'activité solaire. Les courbes illustrées par des étoiles et des signes plus illustrent le taux d'émission volumique total de CO_2^+ calculés par le modèle EUVAC et S2K pour un minimum d'activité solaire.

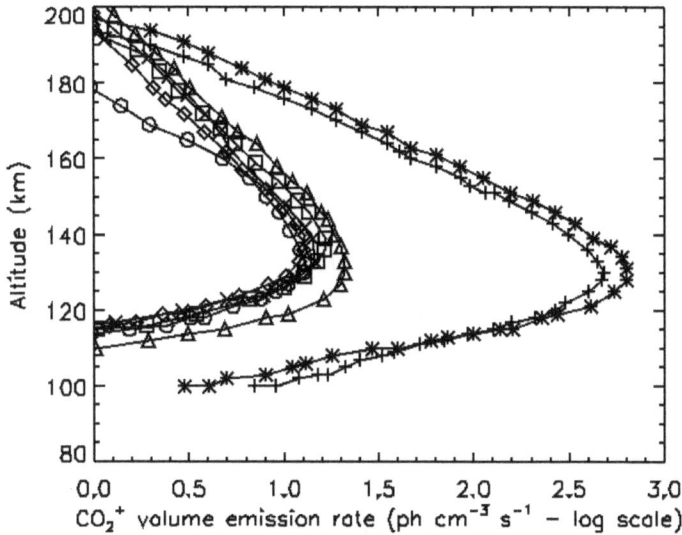

Figure 30 - Emission volumique de CO₂⁺ total (signes plus et étoiles) et due à la fluorescence de CO₂⁺ avec différents profils de densité de CO₂⁺.

Cette Figure illustre que la fluorescence est en effet une contribution minoritaire à la production d'émission de CO_2^+ ($B^2\Sigma^+$ - $X^2\Sigma^+$). En effet, en intégrant verticalement sous les courbes, la fluorescence ne contribue que pour ~3 % de l'émission totale. Par contre, à une altitude de ~150 km, la fluorescence contribue à ~10 % de l'émission totale. Elle n'est plus négligeable à partir de z ~180 km. La hauteur d'échelle (lisible aisément par la pente de la courbe à la Figure 30) de la fluorescence et de l'émission totale sont différentes. La hauteur d'échelle de l'émission totale a été dérivée en appliquant une méthode d'ajustement de Levenberg-Marquardt sur la courbe totale d'émission de CO_2^+. La courbe d'émission volumique totale est obtenue (Jain and Bhardwaj, 2011) en appliquant à une atmosphère neutre tirée de Fox and Dalgarno (1979) et de Fox et al. (1996), les modèles d'activité solaire S2K et EUVAC. L'atmosphère neutre a une température de 225 K à 200 km et 170 K à 150 km. Elle vaut ~190 K à 170 km dans l'étude de Fox et Dalgarno, 1979 et Fox et al., 1996 (Figures 31 et 32). L'ajustement effectué sur le taux d'émission volumique total illustré à la Figure 30 donne une température de 185 K à 170 km, ce qui confirme que la température déduite de la hauteur d'échelle de l'émission de CO_2^+ est bien la température de l'atmosphère neutre de la thermosphère de Mars à cette altitude.

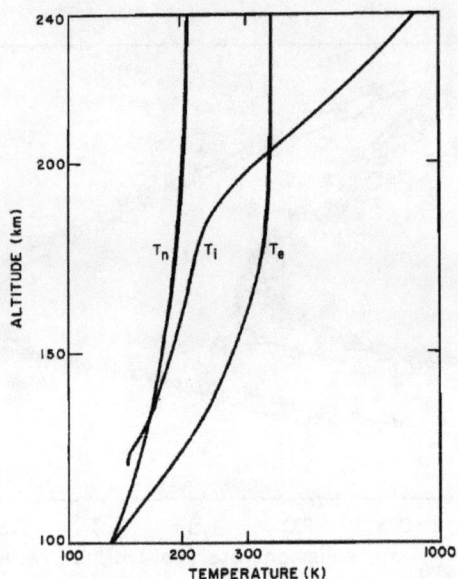

Figure 31 - Température de l'atmosphère de Mars (n=neutre, i = ionique et e=electronique). De Fox et Dalgarno (1979).

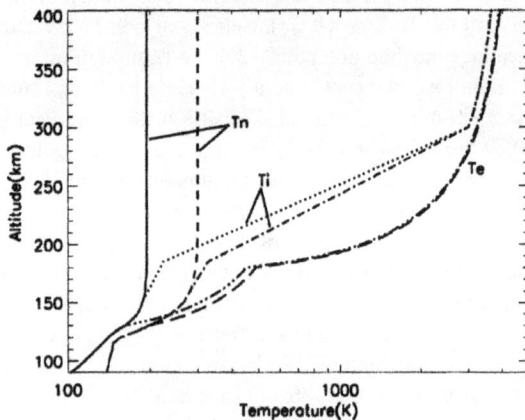

Figure 32 - Température neutre, ionique et électronique de Fox et al. (1996)

Dans le cas de l'émission de CO Cameron, il est possible que la différence de hauteur d'échelle entre l'émission de CO Cameron et de CO_2^+ (voir article ci-après) soit due au fait qu'une réaction incluant CO_2^+ produise la molécule CO dans l'état $a^3\Pi$. Je rappelle que la molécule $CO(a^3\Pi)$ peut être produite par les réactions suivantes.

57

- Impact électronique sur CO

$$CO + e^- \rightarrow CO(a^3\Pi) + e^-$$

- Impact dissociatif de photoélectron

$$CO_2 + e^- \rightarrow CO(a^3\Pi) + O^* + e^-$$

- Photodissociation

$$CO_2 + h\nu \rightarrow CO(a^3\Pi) + O^*$$

- Recombinaison dissociative de CO_2^+ par impact électronique

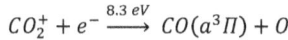

$$CO_2^+ + e^- \xrightarrow{8.3\ eV} CO(a^3\Pi) + O$$

Afin de quantifier l'importance de la recombinaison dissociative, il est nécessaire de connaître le profil de densité de CO_2^+, le profil de densité électronique et le coefficient de recombinaison dissociative α. Celui-ci est donné par le travail de Seiersen et al. (2003) :

$$\alpha = 6.5\ x\ 10^{-7}\ (\frac{300}{T_e})^{0.8}$$

où T_e est la température électronique donné par le travail de Fox and Dalgarno (1979) et Fox et al. (1996) (voir Figures 31 et 32). La densité électronique et la densité en CO_2^+ sont tirées de Fox et al. (1996) et illustrées aux Figures 33 et 34.

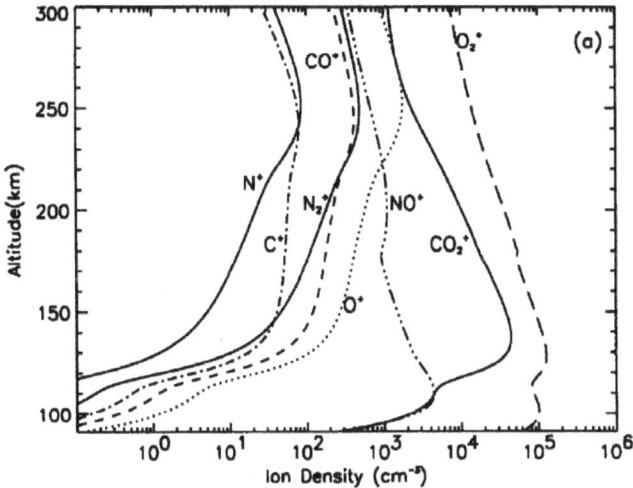

Figure 33 - Densités des ions dans la haute atmosphère de Mars. De Fox et al., 1996.

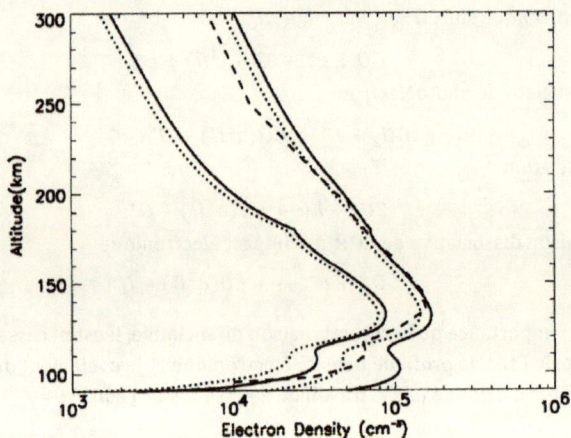

Figure 34 - Densité électronique dans la haute atmosphère de Mars à faible et haute activité solaire (courbes de gauche et de droite, respectivement). De Fox et al., 1996.

Il est maintenant possible de calculer le taux d'émission volumique de CO ($a^3\Pi$) du à la réaction de recombinaison dissociative de CO_2^+ par impact électronique. Ce taux est illustré à la Figure 35 pour des cas d'activité solaire faible et forte. Jain and Bhardwaj (2011) ont calculé le taux d'émission volumique total de CO ($a^3\Pi - X^1\Sigma^+$) à faible activité solaire. Il est donc possible de quantifier l'importance de la réaction de recombinaison dissociative de CO_2^+ par impact électronique dans l'émission totale de CO Cameron.

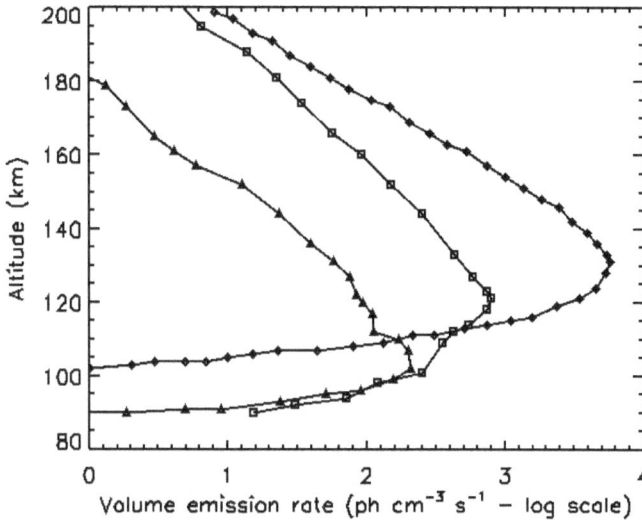

Figure 35 - Emission volumique de CO Cameron total et du à la réaction $CO_2^+ + e^- \xrightarrow{-8.3\,eV} CO(a^3\Pi) + O$. Les losanges illustrent le taux d'émission volumique total de CO Cameron. Les carrés et les triangles montrent le taux d'émission volumique de CO Cameron dû à la réaction $CO_2^+ + e^- \xrightarrow{-8.3\,eV} CO(a^3\Pi) + O$ pour des activités solaires fortes et faibles, respectivement.

On remarque à la Figure 35 que, pour une faible activité solaire, la réaction de recombinaison dissociative est négligeable à toute altitude. Ce n'est néanmoins pas le cas à forte activité solaire où, selon le modèle, la réaction n'est plus négligeable au-dessus de ~180 km.

Cette étude montre les limitations en altitude de la technique de l'airglow. Afin de déterminer la température dans la thermosphère, il est nécessaire de déduire la hauteur d'échelle du profil d'émission au-dessus de 150 km. Il est néanmoins possible de déterminer la température à plus basse altitude, mais il est nécessaire de le faire au-dessus de 130 km, qui est l'altitude de l'homopause. Notons aussi qu'à plus basse altitude, l'absorption du rayonnement peut devenir plus importante et, par conséquent, il est alors impossible de déterminer la hauteur d'échelle car le profil ne rend pas compte d'une décroissance exponentielle de l'intensité avec l'altitude croissante. J'ai montré que la technique de l'airglow pour déterminer la température est valable jusqu'à une altitude de ~180 km, à partir de laquelle la hauteur d'échelle de l'émission peut s'éloigner de celle de l'atmosphère neutre de CO_2.

Cette étude utilise une base de données d'observations SPICAM (airglow de CO Cameron et CO_2^+) élargie, avec une excellente couverture de saison, d'angle solaire zénithal et de latitude. Plusieurs facteurs liés à la haute atmosphère (flux solaire) et à la basse atmosphère (champ magnétique rémanent, présence de poussière, …), pouvant causer des changements de température dans la haute atmosphère, sont analysés et leur influence est quantifiée.

La distribution des données de CO_2^+ et de CO Cameron est montrée aux Figures 36, 37, 38 et 39. Les Figures 36 et 37 illustrent la distribution des données en termes de saison (latitude et longitude solaire) puis en termes d'altitude et d'angle solaire zénithal pour CO Cameron. Les losanges représentent les données utilisées dans l'étude statistique. Les températures calculées en dessous de 150 km d'altitude sont retirées de la statistique car l'atmosphère de Mars est isotherme au-dessus de cette altitude. Les points indiquent les profils non utilisés dans cette étude. Ainsi qu'expliqué, lorsqu'un profil ne rentre pas dans les conditions pour dériver la température de l'émission, aucune valeur d'altitude où la température est calculée ne lui est attribué. Ceci explique qu'aucun point n'apparait dans les Figures 37 et 39. Les Figures 38 et 39 illustrent la même information à partir des profils d'émission de CO_2^+.

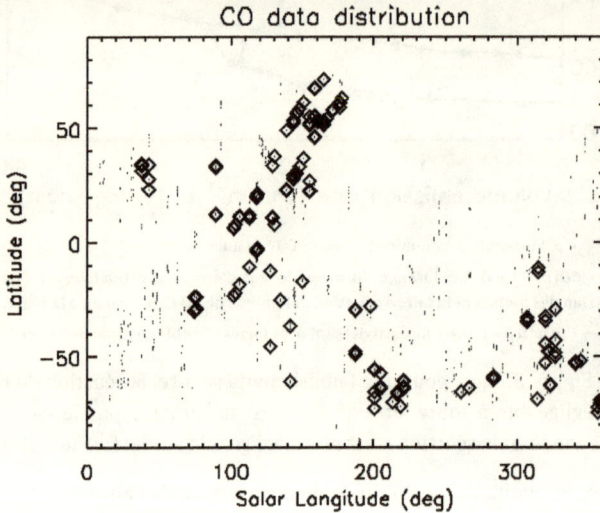

Figure 36 – Distribution des données en termes de saison (longitude solaire et latitude). Les points représentent les profils non utilisés, tandis que les losanges représentent les profils rendant compte des conditions pour déterminer la température à partir de l'émission de CO Cameron.

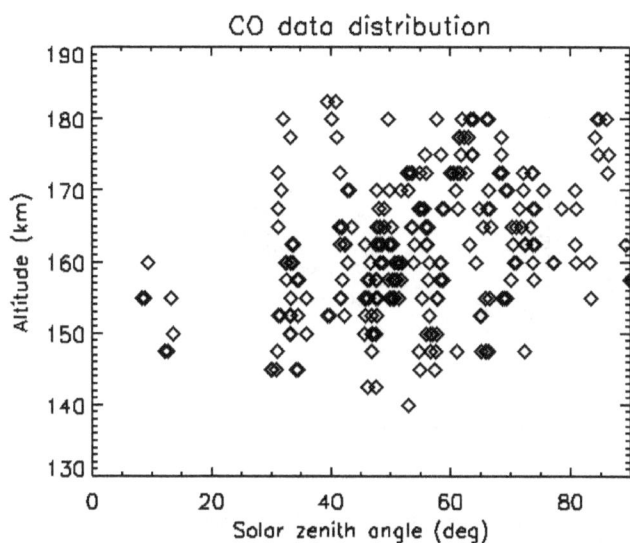

Figure 37 – Distribution des données de CO Cameron à partir desquelles est déduite la température en termes d'angle solaire zénithal et d'altitude. Les profils ne permettant pas la déduction de la température ne sont pas représentés.

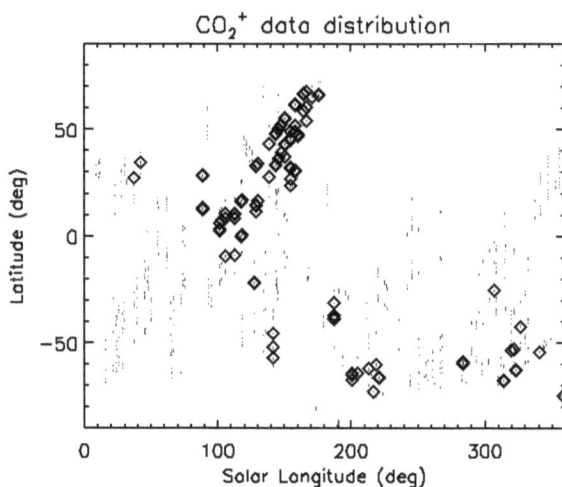

Figure 38 - Distribution des données en termes de saison (longitude solaire et latitude). Les points représentent les profils non utilisés, tandis que les losanges représentent les profils rendant compte des conditions pour déterminer la température à partir de l'émission de CO_2^+.

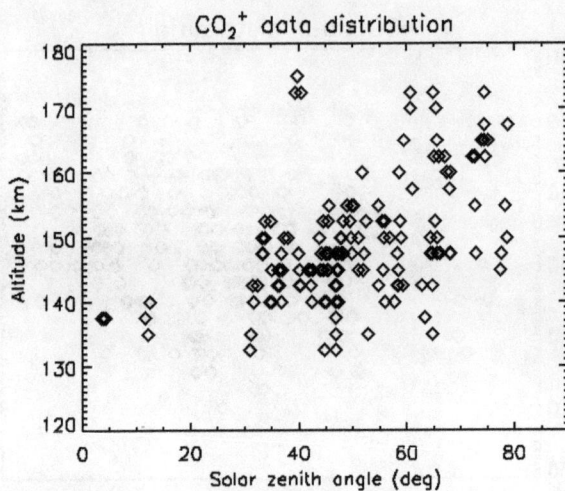

Figure 39 - Distribution des données de CO_2^+ à partir desquelles sont déduites la température en termes d'angle solaire zénithal et d'altitude. Les profils ne permettant pas la déduction de la température ne sont pas représentés.

3.1.2. Etude

Abstract

The CO Cameron (170-270 nm) and CO_2^+ ultraviolet doublet (288 and 289 nm) emissions have been observed on the Mars dayside with Mars Express Spectroscopy for Investigation of Characteristics of the Atmosphere of Mars (SPICAM) instrument in the limb viewing mode. These ultraviolet emissions arise from the excitation of the neutral atmosphere by solar extreme ultraviolet radiation. We analyze a wide dataset covering the years 2003 - 2013 to determine the temperature of the thermosphere and its variability. The neutral thermospheric temperature is derived from the CO Cameron and CO_2^+ emission topside scale height of the limb profiles following fitting by a decreasing exponential function. We show that the thermospheric temperatures are highly variable, ranging from 150 to 400 K, with slight differences between CO Cameron and CO_2^+-derived temperatures. These large variations seem to dominate over those controlled by the solar flux reaching the top of the atmosphere during the SPICAM observing period when solar minimum to moderate conditions prevailed. Solar heating still occurs, in accord with the production of the dayside ionosphere, but the impact of the solar forcing on the topside thermospheric temperature is apparently overwhelmed by other forcing (e.g. waves and tides) during this observing period. It also appears that the crustal remnant magnetic field and the dust density profile apparently do not significantly influence the temperature of the topside thermosphere. Furthermore, we suggest that local variations in the thermospheric temperature are equal to or larger than seasonal-latitudinal variability.

1. Introduction

In the recent past, the upper atmosphere of Mars has been extensively observed using five different methods: in situ observations performed by descent probes or aerobraking spacecraft maneuver, radio occultation, measurements of the orbital decay along the orbit of a spacecraft and, finally, observations of the airglow. The upper atmosphere of Mars is an important atmospheric region coupled with the lower atmosphere and the ionosphere. Its dynamics, energy balance, structure and composition depend on its multiple interactions with these two atmospheric layers (*Bougher et al.*, 2002). The study of the properties and variability of the upper atmosphere of Mars is important to enhance our understanding of its whole atmosphere and its coupling with solar forcing. In particular, the upper atmosphere has major bearing on present and future mission planning and current observations of the planet, in particular for the NASA MAVEN spacecraft that will reach the red planet in September 2014. The study of planetary airglow provides valuable information concerning the atmosphere where it is produced. Planetary airglows are indeed an efficient tool to remotely probe the composition, temperature and dynamics of an atmosphere.

The first observations of the Martian ultraviolet dayglow were reported by *Barth et al.* (1971), *Stewart* (1972) and *Strickland et al.* (1972) using data from the Ultraviolet Spectrometer (UVS) instrument on board the Mariner 6 and Mariner 7 missions. The flyby of these two spacecraft in the late 1970's provided an opportunity for a better understanding of the upper atmosphere of Mars. *Stewart et al.* (1972), *Strickland et al.* (1973) and *Barth et al.* (1972) also reported similar observations performed by the UVS instrument on board the Mariner 9 orbiter. These observations provided measurements of the intensity of the CO Cameron bands, the CO_2^+ doublet at 288.3 and 289 nm, the Fourth Positive bands of CO ($A^1\Pi - X^1\Sigma^+$), several multiplets of atomic oxygen ($^3S^0 - {}^3P_{2,1,0}$ at 130.2, 130.5 and 130.6 nm and $^5S^0_2 - {}^3P_{1,2}$ at 135.6 and 135.9 nm) and atomic carbon at 156.1 and 165.7 nm and the first negative band of CO^+ ($B^2\Sigma^+ - X^2\Sigma^+$) from 210 to 270 nm. *Feldman et al.* (2000) reported Mars dayglow observations obtained with the Hopkins Ultraviolet Telescope (HUT) on board the Astro-2 Space Shuttle mission.

For ten years, the Spectroscopy for Investigation of Characteristics of the Atmosphere of Mars (SPICAM) instrument on board Mars Express spacecraft has performed observations of the Mars dayglow in the ultraviolet. SPICAM measurements were used by *Simon et al.* (2009) and *Cox et al.* (2010) to analyze the behavior of the CO Cameron and CO_2^+ ultraviolet emissions in the dayside atmosphere of Mars. *Leblanc et al.* (2006, 2007) investigated the first observations of the N_2 Vegard-Kaplan ultraviolet bands in the Martian dayglow. Modeling of these observations were reported by Shematovich et al. (2008) and *Jain and Bhardwaj* (2011). One important result obtained from the SPICAM airglow observations is the presence of auroral features located on the nightside of Mars and related to the remnant crustal field of the planet (e.g. Bertaux et al., 2005; Leblanc et al., 2008). These aurorae are characterized by ultraviolet emissions that are normally observed in the dayglow ultraviolet spectrum on Mars: the CO_2^+ doublet and the CO Cameron bands (Bertaux et al., 2005).

The CO Cameron bands cover the spectral range from 170 to 270 nm. They arise from the forbidden transition between CO in the excited $a^3\Pi$ triplet state and the ground ($X^1\Sigma^+$) state. The CO molecule is excited to the $a^3\Pi$ state by the following processes:

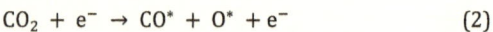

$$CO + e^- \rightarrow CO^* + e^- \qquad (1)$$

$$CO_2 + e^- \rightarrow CO^* + O^* + e^- \qquad (2)$$

$$CO_2 + h\nu \rightarrow CO^* + O^* \qquad (3)$$

$$CO_2{}^+ + e^- \rightarrow CO^* + O^* \qquad (4)$$

The $CO_2{}^+$ doublet emission at 288 and 289 nm is caused by the radiative de-excitation of $CO_2{}^+$ in the $B^2\Sigma^+$ state to the $X^2\Sigma^+$ state. CO_2 is the parent molecule of the $CO_2{}^+$ ($B^2\Sigma^+$) state, following ionization by photons and photoelectron impact:

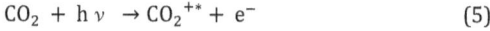

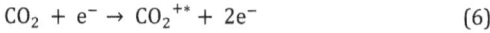

$$CO_2 + h\nu \rightarrow CO_2{}^{+*} + e^- \qquad (5)$$

$$CO_2 + e^- \rightarrow CO_2{}^{+*} + 2e^- \qquad (6)$$

The CO Cameron and the $CO_2{}^+$ volume emission rates are thus mostly controlled by the density profile of CO_2, the photoelectrons flux and the UV solar flux reaching the upper atmosphere of the Mars dayside.

Several investigators have attempted to reproduce the observed Martian dayglow (e.g. *Fox and Dalgarno*, 1979; *Mantas and Hanson*, 1979; *Conway*, 1981; *Shematovich et al.*, 2008; *Simon et al.*, 2009). They tried to reproduce the main features of the CO Cameron and $CO_2{}^+$ emission profiles and provided useful information that extended our understanding of the Martian atmosphere, essentially the altitude of the peak emission and its intensity. The large variability in altitude and brightness of the emission peak was reasonably well reproduced by a Monte-Carlo model (*Cox et al.*, 2010). *Jain and Bhardwaj* (2012) also studied the impact of the solar extreme ultraviolet flux on the CO Cameron band and the $CO_2{}^+$ emissions.

As mentioned above, the CO Cameron and $CO_2{}^+$ emissions are strongly correlated with the vertical density profile of the CO_2 molecule. They provide therefore relevant information on the temperature profile in the altitude range of the Martian thermosphere between 110 and ~200 km where CO_2 is the main constituent. *Stewart et al.* (1972) showed that the thermospheric temperature can be derived from the analysis of these intensities under the assumption that the atmosphere in this region is nearly isothermal, and optically thin to the observed emissions. Stewart (1972) and Leblanc et al. (2006) retrieved the average temperature above the emission peak by measuring the scale height of the emission limb profile. Indeed, in diffusive equilibrium conditions, the temperature is deduced from the scale height:

$$T = \frac{H[CO_2]m[CO_2]g}{k} \qquad (7)$$

where H is the atmospheric (CO_2) scale height, m the molecular mass of CO_2, k the Boltzmann constant and g is the local gravity.

Based on Mariner 6 and 7 flyby observations, *Stewart* (1972) deduced a scale height for the CO Cameron bands of 19 ± 4.5 km, corresponding to a temperature of 315 ± 75 K. They also estimated the temperature from $CO_2{}^+$ doublet limb profiles to be about 350 K. *Stewart et al.* (1972) used Mariner 9 orbiter data and estimated a scale height range from 14.8 to 24.3 km, with an average value of 17.8 km. This range corresponds to a temperature range of 278 to 440 K with a mean value of 325 K.

Other techniques have also provided temperatures of the atmosphere of Mars. Viking 1 and 2 in situ measurements (*Seiff and Kirk*, 1977; *Nier and McElroy*, 1977) at low solar activity gave temperatures cooler than ~185 K, that suggests significant wave activity, but are similar to the mean values deduced by *Leblanc et al.* (2006) from the ultraviolet dayglow (200 K). *Keating et al.* (1998, 2003, 2008) used the Mars Global Surveyor (MGS),Mars Odyssey (MO), and Mars Reconnaissance Orbiter (MRO) accelerometer measurements during the aerobraking phase of these missions to derive thermospheric temperatures from density scale heights above 150 km. They appear to approach an asymptotic value near 200 K. These dayside (LT =16, low latitude) temperatures are compared with MRO nightside (LT=3, low latitude) temperatures which approach ~140-150 K also above 150 km (Keating et al., 2008; Bougher et al., 2013). These derived mean temperatures were assigned a 1-σ magnitude that represent the variability for these sampling periods.

These mean temperatures are consistent with those predicted by *Bougher et al.* (2000) who calculated exospheric temperatures of 200 and 220 K at solar minimum with the Martian Thermosphere Global Circulation Model (MTGCM). More recently, *Forbes et al.* (2008) and *Bougher et al.* (2009) discussed the behavior of the exospheric temperatures as a function of the season (solar longitude) and the F10.7 solar activity index used as a proxy for the solar UV flux. The calculation of *Bougher et al.* (2009) showed trend for cooler exospheric temperatures in the summer in Northern hemisphere and equatorial latitudes and warmer temperatures in the Southern hemisphere and mid-latitudes during winter. This temperature distribution is consistent with the summer-to-winter inter-hemispheric global circulation presented by *Bougher et al.* (2006).

A systematic smaller scale height is associated with the CO_2^+ emission than the CO Cameron bands of ~11.2 km and ~14 km, with indicated temperatures equal to 201± 10 K and 252±13 K, respectively, was pointed out by *Leblanc et al.* Leblanc et al. (2006) found no clear dependence of these temperatures with solar zenith angle (SZA), longitude, latitude or solar longitude (LS), in contrast with the positive correlation between the latitude and the exospheric temperature predicted by *Bougher et al.* (2006). They explained the difference between the scale heights derived from the CO and the CO_2^+ emission profiles as a possible consequence of the dissociative recombination of CO_2^+ ions above the ionosphere peak (process 4) resulting in CO Cameron emission. For this reason, they also claimed that the temperatures calculated from the CO_2^+ ultraviolet doublet are closer to the actual neutral atmosphere temperatures than those deduced from the CO Cameron bands.

Several different mechanisms may influence the temperature in the Martian thermosphere. First, the Mars thermospheric temperature is thought to be controlled by the incident UV flux at the top of the atmosphere. Solar forcing is therefore believed to be an important driver of the thermosphere-exosphere temperature. However, it has been observed that the solar flux may not always be the dominant factor that controls the temperature variability in this altitude range. Stewart (1972), Stewart et al. (1972, 1992) and Bougher et al. (1997, 2006) suggested that a significant forcing may come from gravity waves and tides propagating upward. Alternatively, dust storms may greatly affect temperatures at high altitudes.

This study focuses on the CO Cameron and CO_2^+ emissions and provides quantitative information on the vertical distribution of CO_2, the major constituent of the atmosphere of Mars. The study of *Cox et al.* (2010) was limited to a dataset comprising 66 SPICAM limb profiles dataset covering one season (LS ∈ [90 , 180]) of Martian year 27. We now use an extended dataset of more than 180 CO_2^+ limb profiles and more than 275 CO Cameron bands limb profiles covering Martian years 27, 28 and 29 at different seasons and latitudes in both the northern and the southern hemispheres. We determine the thermospheric temperature based on the scale height of the topside emission profiles of the CO Cameron and CO_2^+ emissions. Our main goal is to characterize the upper variability of the atmospheric temperature on the dayside of Mars and its correlation with solar driven factors (season, solar zenith angle, F10.7 index, ...) and possible variability with waves propagating upward. A comparison with the latest thermosphere-ionosphere MTGCM model will be reported in a later study.

2. Observations

The Spectroscopy for Investigation of the Characteristics of the Atmosphere of Mars (SPICAM) instrument on board Mars Express (MEX) mission is composed of both an ultraviolet and an infrared spectrometer. The UV spectrometer covers the range from 118 to 320 nm that includes the CO Cameron ($a^3\Pi$ - $X^1\Sigma^+$) emission, the CO_2^+ ($B^2\Sigma^+$ - $X^2\Pi$) doublet, as well as the OI 130.4 nm doublet, the OI 135.6 nm doublet, the OI 297.2 nm emission, the CO 4th Positive ($A^1\Pi$ - $X^1\Sigma^+$) emission, the CI 156.1 and 165.7 multiplet, the Lyman-α 121.6 nm emission and the NI 120 nm multiplet (e.g. *Barth et al.* (1971), *Anderson and Hord* (1971), *Stewart* (1972), *Strickland et al.* (1972), *Strickland et al.* (1973), *Fox and Dalgarno* (1979), *Conway* (1981), *Feldman et al.* (2000), *Leblanc et al.* (2006), Simon et al. (2009) and *Cox et al.* (2010)).

The Mars Express spacecraft executes a nearly polar eccentric orbit with a period of 6.72 hour, a pericenter located around 300 km and an apocenter located at 10,107 km. In this study, we use measurements of the ultraviolet spectrometer SPICAM in limb profile mode, as described by *Bertaux et al.* (2006). A typical observation lasts ~20 min with one spectrum recorded every second in each of the 5 spatial bins (adjacent segments of the CCD) of the instrument. A spectrum can be collected after passing through a narrow (50 µm) or a wide (500 µm) slit, providing a spectral resolution of 1.5 and 6 nm respectively. The spatial vertical resolution depends on the distance between the spacecraft and the atmosphere of Mars and it may be as low as a few kilometers when the spacecraft is close to the planet. The field of view of a single pixel of SPICAM being 40x40 arcsec. Spectra are summed over the range of the CO Cameron, from 170 to 270 nm, and CO_2^+ doublet emission at 288 and 289 nm. As previously pointed out, the spectral range of the CO Cameron emission partly overlaps the range of the CO 4th Positive bands. The integration on the spectral range of the CO Cameron emission leads to brightness values overestimated by ~15% (*Simon et al.*, 2009; *Cox et al.*, 2010). The brightness values are therefore corrected to retrieve the CO Cameron total emission without the contribution of the CO 4th Positive bands.

We now examine the behavior of the Martian thermospheric temperature derived from the scale height of CO Cameron and CO_2^+ emission profiles. The scale height is calculated by fitting a topside section of the emission profile with an exponential function, using a Levenberg-Marquardt algorithm. The fit is performed on the limb profile starting a few kilometers above the emission peak. The upper boundary of the fit is the region where the emission no longer decreases exponentially with the altitude. This condition is visually checked on each individual emission profile. An emission profile must fulfill one more condition to be appropriate for the scale height calculation. It must exhibit one and only one well-defined peak. Indeed, emission profiles exhibiting multiple peaks cannot meet the isothermal atmosphere assumption. The scale height is calculated between a few kilometers above the emission peak, up to an altitude where change in the slope appears in the emission profile.

68

The altitude where the scale height is calculated is defined for each profile individually, and chosen as the mean altitude of the range of the fit. This condition is visually verified on each individual emission limb profile. The altitude where the scale height is calculated varies between 140 and 180 km. This is similar to the altitude range in which *Leblanc et al.* (2006) derived the exosphere temperatures they analyzed (between 130 and 190 km). It also permits comparisons with models such as the MTGCM (Bougher et al., 2000, 2006, 2009) that calculate thermospheric temperature.

Six examples of fits to limb profiles are shown in Figure 1. In this Figure, panels a, b and c show CO Cameron limb emission profiles (black dots). Panels d, e and f show CO_2^+ limb profiles. The fit applied to each limb profile is represented by the diamonds. The good quality of the fit to the emission is visually verified on every profile. The lower altitude of the isothermal region is close to 150 km (see Keating et al., 2008; Bougher et al., 2013). For this reason, we only retain temperatures derived from profiles for which the scale height has been calculated above 150 km. This largely removes the effect of the altitude range at which the temperature is determined to focus on the influence of the solar flux and the CO_2 density.

3. Thermospheric temperature and its variability

We first examine the statistical distribution of the temperature retrieved from CO_2^+ and CO Cameron limb profiles in Figure 2. Panel 2a presents thermospheric temperatures derived from the CO_2^+ limb emission profiles and panel 2b refers to those derived from the CO Cameron profiles. The grey histograms show the thermospheric temperatures distribution with all data available (180 CO_2^+ profiles and 275 CO Cameron profiles) while the red bars show the thermospheric temperature distribution deduced from profiles for which the temperature is derived above 150 km (50 CO_2^+ profiles and 235 CO Cameron profiles). The derived temperature ranges from 182 to 400 K for the CO Cameron bands and from 153 to 400 K for the CO_2^+ doublet. The mean temperature derived from the CO_2^+ profiles is 270 K, with a 1-σ variability of 49 K. The mean temperature from the CO Cameron emission is 275 K, with a 1-σ variability of 28 K. However, the Student t test applied to these two populations concludes that the difference between the two mean values is not statistically significant. The peak altitude in the CO Cameron profiles is located higher than that of the CO_2^+ profiles and therefore, the altitude where the scale height is calculated tends to be also located higher for the CO Cameron than for the CO_2^+ emission profiles. As mentioned before, we only keep those temperatures derived from an exponential fit of the emission that is performed above 150 km. Therefore, the number of profiles that satisfy this condition is larger for CO Cameron profiles. The temperatures values derived from the CO Cameron bands show some differences from those determined from CO_2^+ vertical profiles. *Leblanc et al.* (2006) found a systematic higher scale height related to the CO Cameron emission compared with the CO_2^+ emission profiles. We confirm that when the two emissions are simultaneously paired to derive their scale heights, the CO-derived temperatures (T_{CO}) are generally higher than the CO_2^+-derived temperatures (T_{CO2+}), although, statistically, they the different is not significant. Some counter-examples are also observed. The majority of the observations are characterized by derived values that are higher from the CO emission than those derived from the CO_2^+ emissions. Nevertheless, about a third of the observations are characterized by lower T_{CO} than T_{CO2+}.

The most relevant factors that control the ultraviolet solar flux reaching the top of the atmosphere are the solar zenith angle and the solar activity. The SPICAM dataset covers more than ten years, during which the solar activity has changed. One can therefore first characterize the influence of the solar activity on Martian temperature. The results of the comparison with the F10.7 solar activity index are shown in Figure 3. The temperature of the thermosphere, as derived from SPICAM observations, is plotted as a function of the F10.7 index at Mars shifted in time to account for the difference in solar longitude between the two planets and their distance to the Sun. The diamonds refer to T_{CO}, triangles refers to T_{CO2+}. We note that the range of the F10.7 values at the Mars distance during the period of the SPICAM observations is between 25 and 55, i.e. the solar conditions are minimal to moderate. Within these solar conditions, it appears that the solar activity has no major influence on the thermospheric temperature.

We now examine the influence of the solar zenith angle (SZA) on the measured temperature in Figure 4. The diamonds represent T_{CO} while the triangles correspond to T_{CO2+}. The lack of correlation between the SZA and temperature is conspicuous. A similar, yet unexpected, result was obtained by *Leblanc et al.* (2006) and is confirmed by our analysis. We interpret the lack of correlation as a clear indication that the influence of the solar flux at the top of the atmosphere is not the dominant cause for the variability of the thermospheric temperature during this observing period (i.e. solar minimum to moderate conditions).

Three-dimensional models have been developed to reproduce the state of planetary atmospheres. They are also capable to calculate the Martian thermospheric temperature and its time and space variations. They predict important seasonal effects and latitudinal effects. We constructed a solar longitude (LS) versus latitude (LAT) map of the temperature showed in Figure 6. The size of the bins is 10° in solar longitude and 5° in latitude. In each bin, the temperature, described in a color code, is the mean value of the observations performed within the bin. The color bars indicate the value of the temperature in each bin. As indicated before, our database covers minimum to moderate solar activity conditions. A large variability is observed between adjacent bins. A key question that arises is whether the variability of the thermospheric temperature is dominated by the season. For this purpose, we carefully selected three areas, defined as follows. Each area contains a small consistent group of observations, as can be seen in Figure 6 and Figure 7. Area A extends from 120° to 200° of solar longitude and from 40° to 90° of latitude. Area B covers observations collected with solar longitude larger than 250°. The observations within area C were made with L_s ranging from 170° to 240°, in the southern hemisphere (latitude less than zero). Figure 7, panels a, b and c show the variability of the thermospheric temperature within area A, B and C, respectively. The diamonds and triangles represent T_{CO} and T_{CO2+}, respectively. Among the observations collected in area B, three different subgroups may be distinguished. They are represented in Figure 7, panels d, e and f. All panels in Figure 7 show that the variability of the thermospheric temperatures on small spatial and time scales is at least as large as the seasonal-latitudinal variability. The thermospheric temperature is clearly highly variable, even if we restrict to observations performed under similar latitudinal and seasonal conditions.

The discovery of aurorae on Mars (*Bertaux et al.*, 2005; *Leblanc et al.*, 2008, Figure 7) from SPICAM observations has been related to the probability to find a closed field line region (in the vicinity of a cusp) at 400 km on the Martian nightside. This probability has been calculated from data collected with the Electron Reflectometer on board Mars Global Surveyor (MGS).

Leblanc et al. (2006) showed that strong coincidences exist between the occurrence of energetic precipitating electrons into the Martian atmosphere, the presence of crustal magnetic field anomalies and auroral-type glow at night. Therefore, in these regions, one could expect an enhancement of the temperature in the thermosphere if the precipitating electrons have access to and significantly heat up the local atmosphere and/or if electric currents produce sufficient Joule heating. Figure 8 demonstrates the lack of such a correlation. The temperature is expressed as a function of the ratio between the radial component and the total $|\mathbf{B}|$ intensity. While higher temperatures may be expected where this ratio is close to 1, a large variability is actually observed and no clear correlation can be found. It must be noted that the electric current density $\vec{j}$ should rather depends on $\vec{\nabla} \times \vec{B}$, which remains poorly known, so that the effects of Joule heating can hardly be evaluated at this point.

During the major dust storm of 2007, the CO_2 and dust densities in the atmosphere greatly increased for a long time. This CO_2 density increase may be correlated with an increase of the thermospheric temperature, as was suggested by *Stewart et al.* (1972) and modeled by *Bougher et al.,* (2000). However, Figure 9 shows no evidence for such a correlation. This Figure represents the temperature from CO_2^+ emission profiles (triangles) and CO Cameron profiles (diamonds). The observations taken during 2007 are represented in red. No difference is found during the period of the dust storm. *Forget et al.* (2009) and McDunn et al. (2010) showed that the CO_2 density at 130 km is directly dependent on the amount of dust contained in the Mars atmosphere. Cox et al. (2010) also explained that the main factor controlling the altitude of the emission layer of the CO_2^+ doublet and the CO Cameron bands is the CO_2 density profile that may exhibit major changes. The study of *Cox et al.* (2010), as well as the present study, both suggests that the altitude of the emission peak changes with the CO_2 density profile but that the topside scale height of the emission is not mainly controlled by the CO_2 density profile, i.e. these small variations do not affect the main slope of the vertical density profile. This is logical, as a multiplication of the whole density profile by a constant factor is equivalent to a simple change of the altitude scale, as CO_2 has an exponential density profile.

4. Discussion

Several studies, which were presented in Section 1, have explored the important question of the thermospheric temperature of the atmosphere of Mars and its variability. Our analysis provides additional information on the variability and the lower and upper values of the thermospheric temperature. *Stewart* (1972) found high temperature from the CO Cameron (315±75 K) and CO_2^+ bands (350 K) observations by Mariner 6 and 7. *Stewart et al.* (1972) confirmed these values form Mariner 9 airglow data. Their analysis showed a thermospheric temperature range of from 270 to 445 K with a mean value of 325 K. Two different studies (*Seiff and Kirk,* 1977 and *Nier and McElroy,* 1977), which were based on in situ measurements, showed significantly lower temperatures (below 200 K) five years later. *Keating et al. (2008)* found mean dayside exospheric temperature from MGS measurements (at solar minimum conditions) of 200 K. Based on SPICAM limb profile analysis, *Leblanc et al.* (2006) reported a large variability as well ($T_{CO2+} \sim 201\pm10$ K and $T_{CO} \sim 252\pm13$ K). They presented results that tend to show that no clear correlation is found between the solar illumination conditions (through the solar zenith angle) and the thermospheric temperatures value. We determine that T_{CO} ranges from 180 to 400 K, with a mean value of 275±5 K, while T_{CO2+} ranges from 150 to 400K with a mean value of 270±6 K. We also confirm the large variability of the thermospheric temperature on the dayside of Mars. We show that the thermospheric temperature variability is not controlled by the value of the F10.7 index, i.e. the thermospheric temperature does not seem to be affected by the different solar activities during this sampling period. The temperature may have some thermostatic control such as the O-CO_2 collisions that are important for Venus, although this particular mechanism is less important on Mars. This allows comparing thermospheric temperature values obtained from SPICAM observations, covering minimum to moderate solar conditions, with previous observations performed during different solar conditions. The lack of clear correlation between the temperature variability and several changing parameters (location on the planet (latitude, longitude), solar zenith angle, solar activity and CO_2 density) is in agreement with the results found by *Leblanc et al.* (2006). Indeed, their analysis showed no statistical correlation between the temperature derived from CO Cameron and $CO_2{}^+$ limb profiles with solar zenith angle, solar longitude, longitude (i.e., no apparent atmospheric tide effect) or latitude. Leblanc et al. (2006), however, found a strong dependence between high atmospheric temperature and the remnant crustal magnetic, in contrast with our present study. *Breus et al. (2004)* have observed from MGS radio experiment a 50% to 60% electron temperatures increase correlated with the crustal magnetic fields. This increase in electron temperatures is linked to the presence of a population of hot electrons that are trapped at higher altitudes. Alternatively, high electron temperatures in vertical (radial) magnetic field regions (at cusps) have been attributed to a two stream plasma instability linked to inflowing solar wind plasma (see review by Bougher et al., 2013). *Leblanc et al.* (2006) observed a decrease of the altitude of the peak of intensity of the CO Cameron band emission and yet an increase in the temperature during orbit 983. They explained that this temperature increase stems from a change in the sources of the observed emission and does not reflect a true increase in the neutral atmosphere temperature. Indeed, in estimating these temperatures, one assumes that photodissociative excitation of CO_2 is the dominant source for the CO Cameron bands and the $CO_2{}^+$ ($B^2\Sigma^+$ - $X^2\Pi$) doublet emissions. If a population of hot electrons is present at high altitude, it implies that contribution of electron impact dissociative excitation (process 2 and 6) may also contribute to the observed Cameron emission. In this case, it is better to consider these changes in the Martian dayglow profiles as variations of the scale heights of the emission and not as actual variability of the upper atmospheric temperature. We also stress that an increase of the temperature at high altitude is statistically not linked to the presence of a large value of the probability of closed magnetic field lines.

We also point out that the temperature varies for moderate solar zenith angles close to the equator (to avoid polar circulation influence). We have selected temperatures from profiles located in a box limited by 30°S to 30°N and 30° to 60° SZA. Within this box, a large variability of the temperature is observed, as it ranges from 210 to 400 K. Figure 15 from *Seiff and Kirk* (1977) shows the temperature vertical profiles from Viking 1 and 2 observations. While performed in similar conditions, the two profiles are very different above 150 km. Forbes et al. (2008) discussed the correlation between the extreme ultraviolet solar flux reaching the top of the atmosphere of Mars and the temperature in the exosphere (at an altitude of 390 km). They analyzed the long-term relationship with the solar flux and the temperature from MGS densities averaged over 4 – 5 sols at all longitudes. They binned their data on an 81 – days' time scale to remove the short-term variations of the temperature. They found that the long-term trends of the exospheric temperatures at Mars are linked to the F10.7 index, as a proxy of the solar extreme ultraviolet flux, and the season. They however excluded the dust storm event from 2001 from their database after analysis of its impact and concluded that the dust storm did not influence the temperature in the exosphere on a perceptible way. This study shows that the temperature is not statistically correlated with the dust quantities in the lower atmosphere or with the remnant crustal magnetic field.

The key issue is the source of the large variability of the observed temperature. As gravity waves are well known to induce great variability in the airglow emission profiles and in the vertical CO_2 density, one expected those waves to deposit energy and momentum in the thermospheric region. This interaction may change the temperature on a local scale. *Medvedev et al.* (2011, 2012) recently reported potential impacts of momentum deposition and heating resulting from the upward propagation of gravity waves. We suggest that local (spatial and temporal) variations are of the same order of magnitude as variability driven by solar influence and global neutral atmosphere density profile variability (during dust storms). We have performed further verifications confirming that local thermospheric temperature variations are equally or more important than global variations. We have selected observations in three different restricted areas chosen to present sufficient statistics (enough observations) within narrow solar longitude and latitude ranges. Observations within a narrow area were furthermore performed in a very limited time span. Nevertheless, despite these limited spatial and temporal ranges, variability remains important in each group. That confirms that local (spatial and temporal) variations are of large magnitude.

5. Conclusions

We have presented ultraviolet Martian dayglow observations of the CO Cameron bands and the CO_2^+ doublet obtained with the SPICAM instrument on board Mars Express. These emissions are expected to be linked to the density profile of CO_2 (the neutral atmosphere) and to the solar ultraviolet flux that reaches the top of the atmosphere. In the thermosphere, where ultraviolet radiations are not absorbed by the atmospheric constituents, the scale height of these emissions is equal to the neutral atmosphere scale height. We use a Levenberg-Marquart method to fit the topside emission limb profiles obtained by SPICAM and derive the scale height from these profiles. The nearly asymptotic temperature of the neutral thermosphere is then deduced from the scale height of the emission around 150 km.

A slight difference appears between the temperature derived from the CO Cameron profiles (T_{CO}) and the temperature derived from the CO_2^+ profiles (T_{CO2+}). In 70% of the profiles, T_{CO} is higher T_{CO2+}. T_{CO} ranges from 180 to 400 K, while T_{CO2+} ranges from 150 to 400K. The mean value of T_{CO} is 275 K, with a standard deviation of 6 K. It is 270±5 K for T_{CO2+}. When the Student's t test is performed on the mean values of T_{CO} and T_{CO2+}, it indicates with a 99% of confidence that the difference between the two mean values is not statistically significant.

We have analyzed the dependence of the thermospheric temperature versus several factors that are linked with the lower atmosphere of Mars, the solar flux reaching the top of the atmosphere and the crustal remnant field. The SPICAM database used for this study includes observations performed during minimum to moderate solar conditions. Our results show that the EUV solar flux, characterized by the F10.7 index does not exert a major influence on the thermospheric temperature. Additionally, the solar zenith angle does not directly influence the thermosphere temperature. The extracted temperature does experience large local (spatial and temporal) variability. No general trend is found that correlates the latitudinal position on Mars, the season and the thermospheric temperature. Furthermore, the variability is of the same order of magnitude within small latitudinal regions with similar solar longitudes than when the whole dataset is considered. The crustal magnetic field of Mars can be decomposed into its three components. The ratio between the radial component and the total magnetic field value is a proxy for the probability to encounter a closed magnetic field line. As this ratio is close to 1, the magnetic field is mainly radial. In such a region, the extracted temperature in the thermosphere is not higher than within other regions with a smaller radial component. Finally, we have found no significant perturbation in the thermospheric temperatures during the major dust storm of 2007. Our main conclusion is that the thermospheric temperatures are not statistically dependent on latitude, season, and EUV solar flux that reaches the top of the atmosphere on the dataset of SPICAM dayglow observations analyzed. The variability is also not dominated by the possible variations caused by the crustal magnetic field. The large variability shown here is in agreement with previous studies performed from airglow observations and in situ measurements such as Viking probes.

We point out that gravity waves may play an essential role in the variability of the temperature of the Martian thermosphere. As gravity waves propagate from the lower to the upper atmosphere, it is believed that they interact with the wind regime and can possibly deposit momentum and energy heating up the thermosphere. These waves are currently under studies which will hopefully lead to quantitative information on their interaction with the upper atmosphere of Mars. Future work will also address the comparison of the SPICAM observations with the simulations of the coupled Mars General Circulation Model (MGCM) plus Mars Thermospheric General Circulation Model (MTGCM) in an attempt to identify the origin of the variability   of   the   temperature.

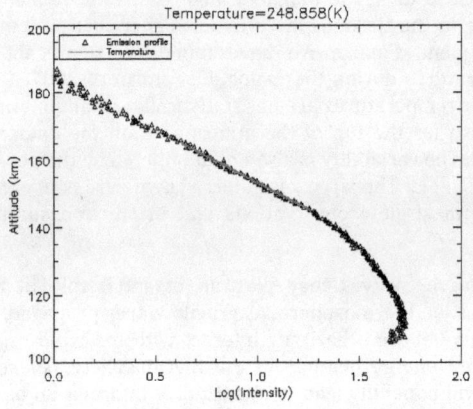

Temperature=248.858(K)

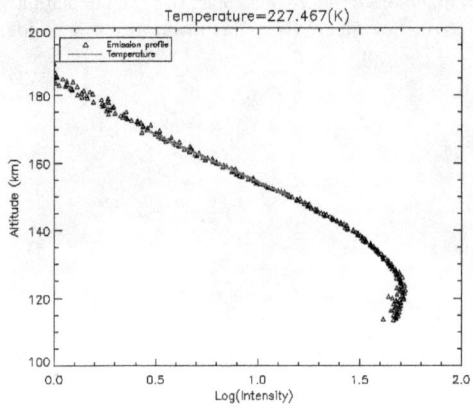

Temperature=227.467(K)

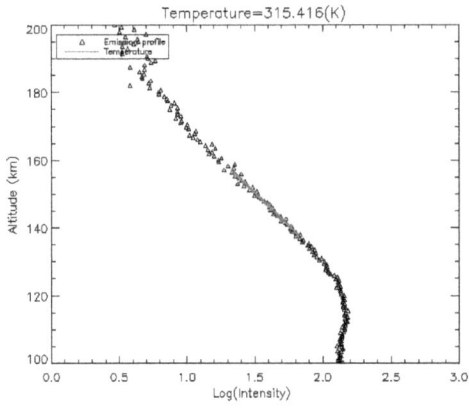

Temperature=315.416(K)

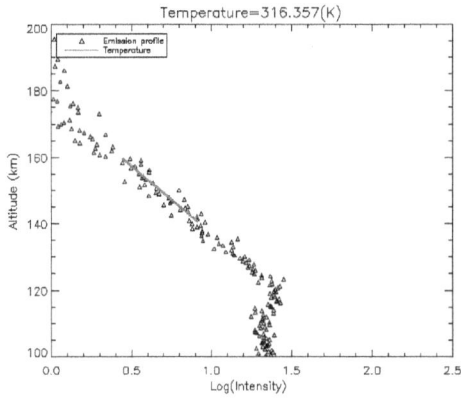

Temperature=316.357(K)

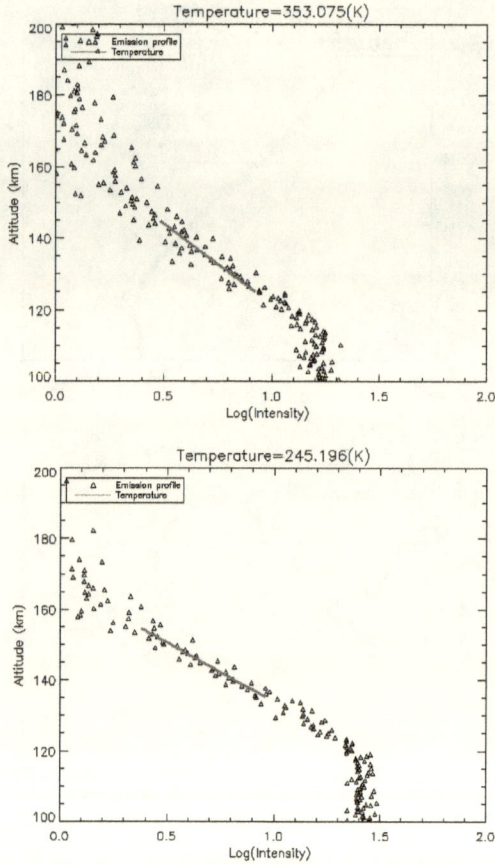

Figure 1. Examples of CO₂⁺ and CO Cameron emission limb profiles.

Panels a to c show CO Cameron emission profiles and their scale height best fits. Panel d to f refer to CO_2^+ emission profiles and their fits. The red line represents the exponential fit used to derive the topside scale height of the profile that provides the temperature in the upper atmosphere. As the values of the intensity do not affect the slope of the curve, raw (ADU) values are showed. The temperature that is derived from each emission profile is also indicated. The intensity is presented on a logarithmic scale.

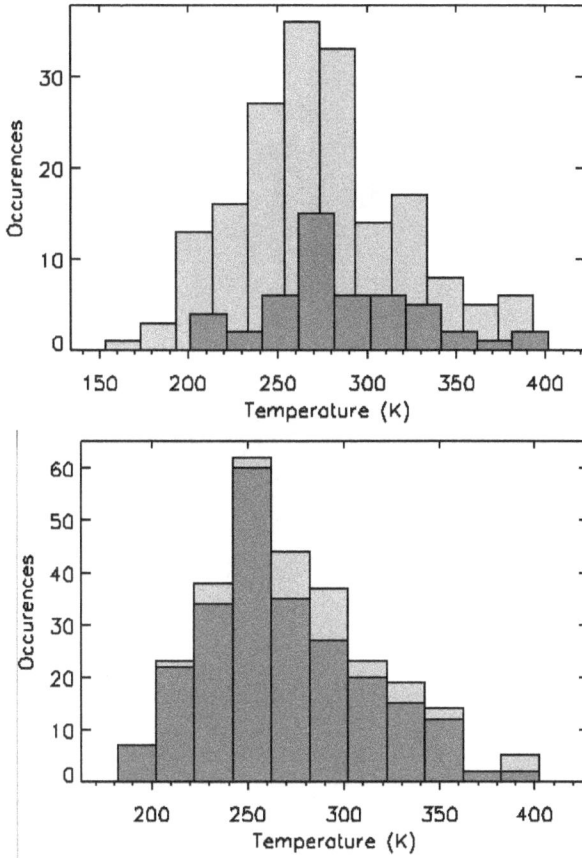

Figure 2. Thermospheric temperature distribution.

Histogram of the temperature distribution derived from the CO_2^+ limb profiles (panel a) and from CO Cameron profiles (panel b). On each panel, the grey bars contain all well-behaved data available for this study. The red bars are filled with temperatures derived above 150 km on the observations.

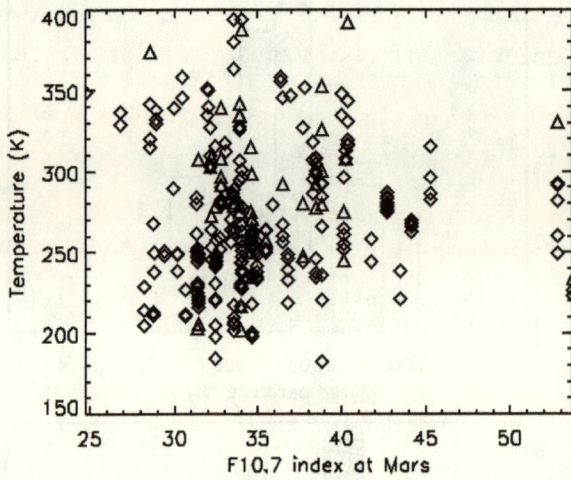

79

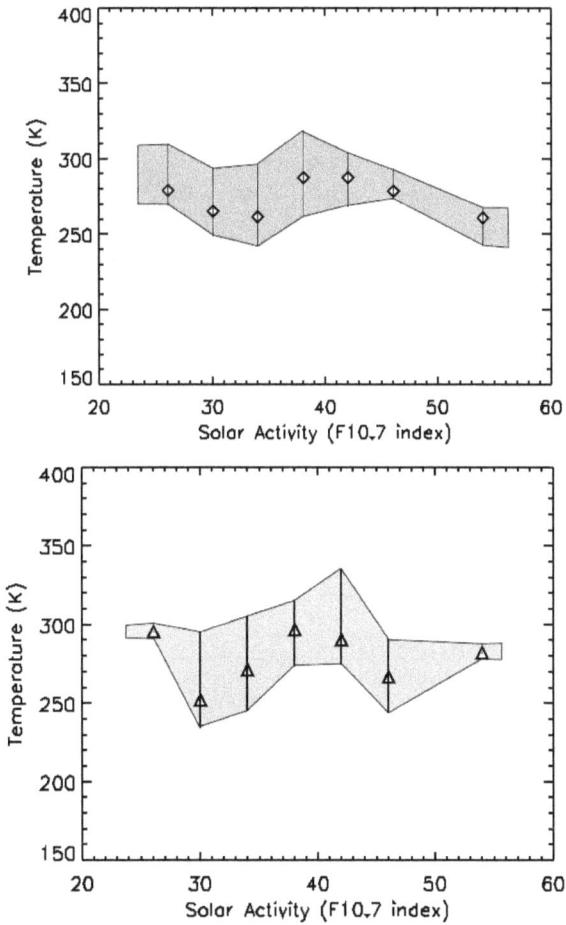

Figure 3. Dependence of the thermospheric temperature with the solar activity conditions.

The diamonds represent thermospheric temperatures derived from CO Cameron emission profiles while the triangles represent those derived from CO_2^+. The solar flux varies between minimum to moderate conditions. The F10.7 cm flux is corrected for the Sun-Mars distance and used as a proxy for the solar EUV flux. No correlation is found between the solar conditions and the temperature of the Martian thermosphere. The linear Pearson correlation between T[CO] and the F10.7 index is 0.06. It is 0.08 between T[CO_2^+] and the F10.7 index. Panel a shows all temperatures derived from the dayglow profiles. Panels b and c show the temperature binned and the 1-σ standard deviation in each bin is represented by the grey area.

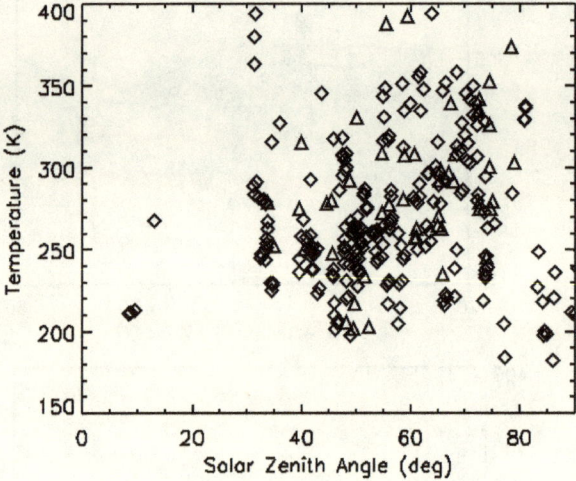

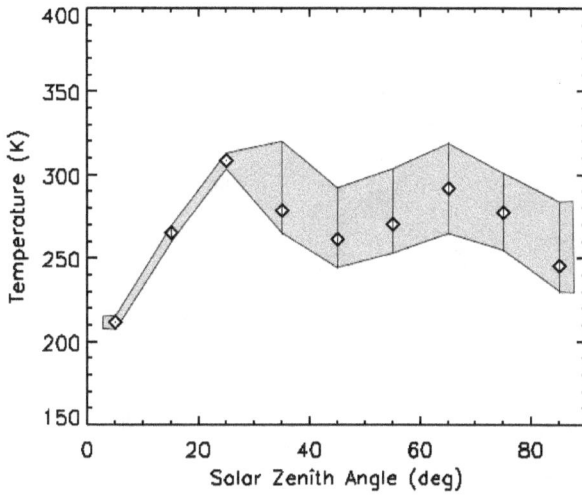

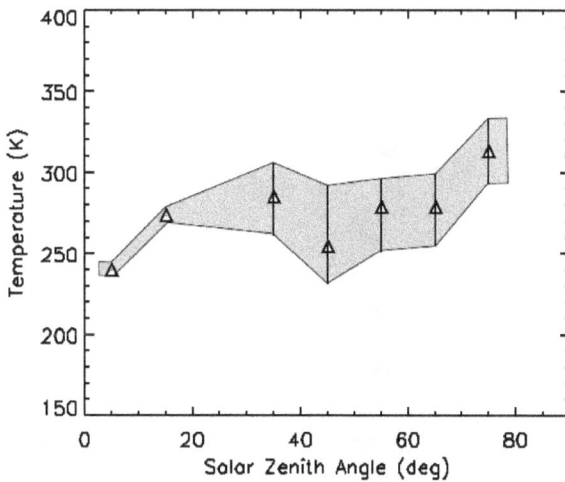

Figure 4. Solar zenith angle dependence of the thermospheric temperature.

The thermospheric temperature is indicated as a function of the solar zenith angle. The diamonds represent temperatures derived from the CO Cameron emission profiles while the triangles indicate the values derived from the CO_2^+ emission profiles. No correlation is found between the solar zenith angle and the thermospheric temperature. Panel a shows all temperatures derived from the dayglow profiles. Panels b and c show the temperature binned and the 1-σ standard deviation in each bin is represented by the grey area.

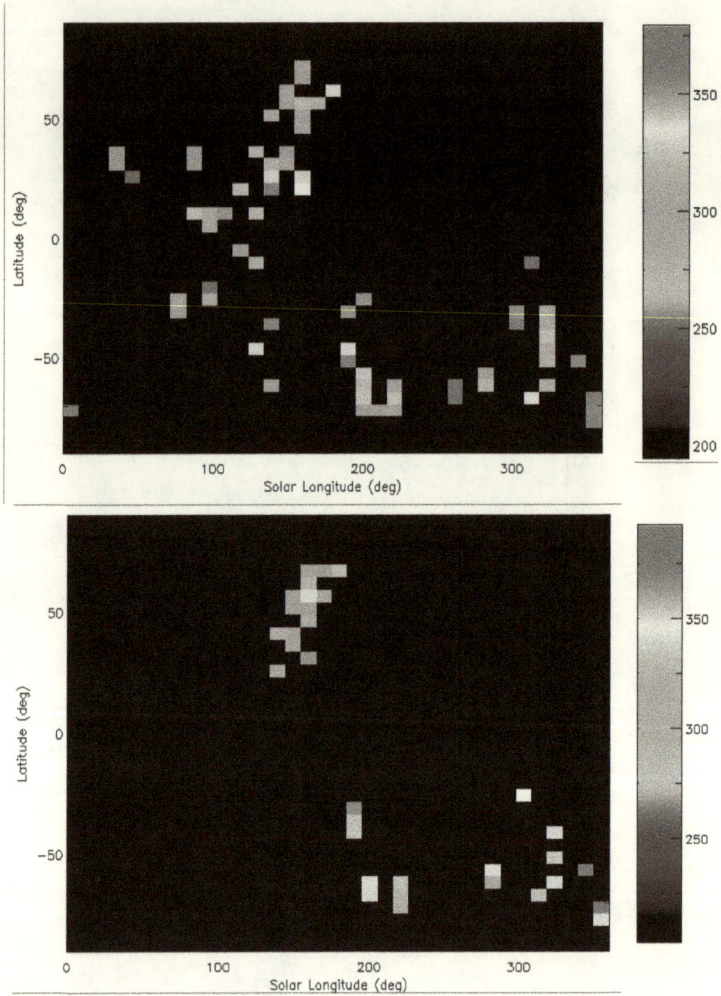

Figure 6. Mapping of the temperature

Temperatures derived from CO Cameron (panel a) and from CO_2^+ limb profiles (panel b). The color code on the right of each panel indicates the temperature. The size of each bin is 5° latitude x 10° solar longitude. A large variability appears in the thermospheric temperatures.

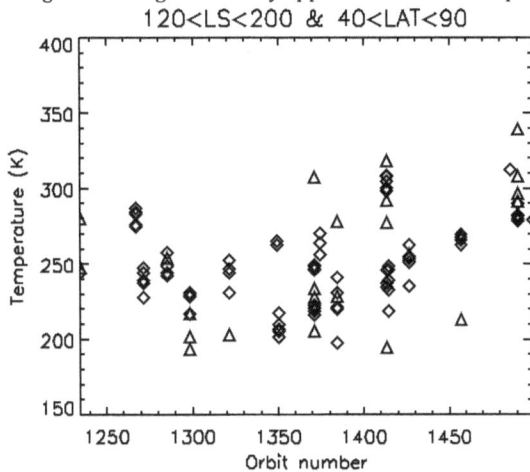

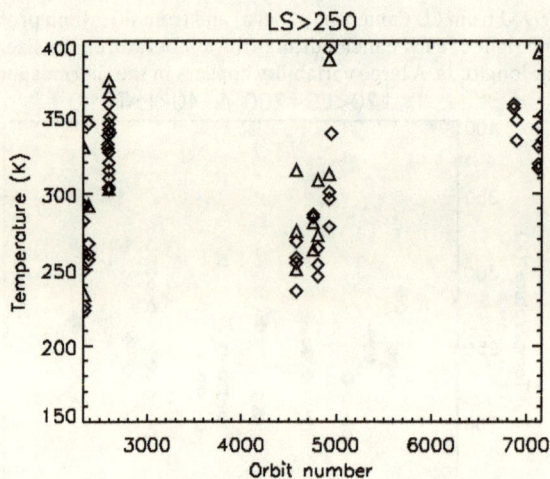

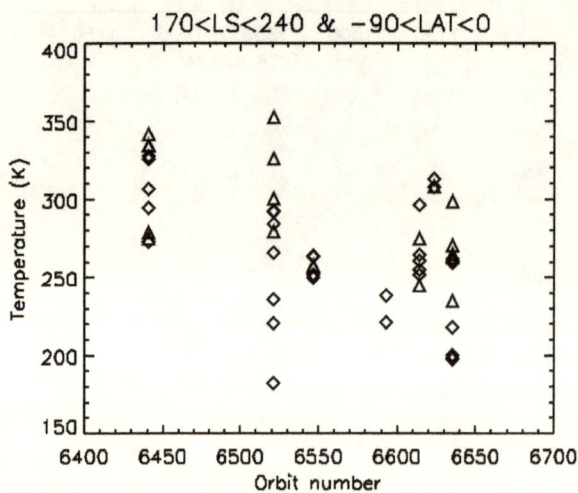

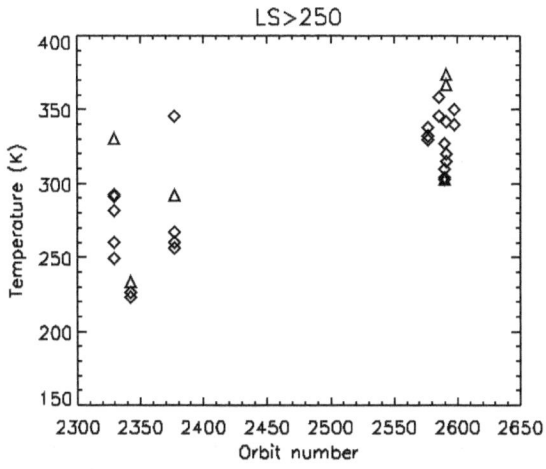

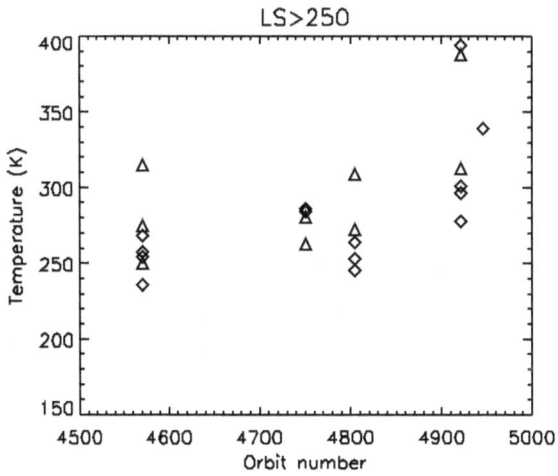

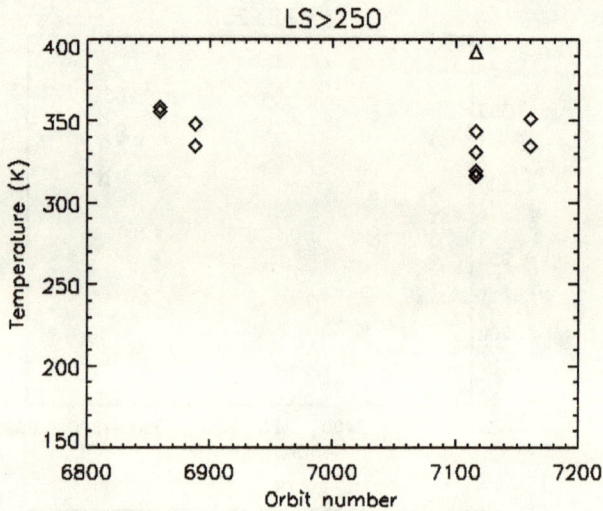

Figure 7. Local variability of the thermospheric temperature.

Data covering three areas are selected. Area A is defined by a box from 40° to 90° latitude and from 120° to 200° solar longitude. The thermospheric temperatures within area A are shown in Panel 7a. Panel 7b and 7c represent the temperatures from area b and c, respectively. Area B show observations taken with solar longitudes larger than 250° and area C extends from - 90° to 0° latitude and from 170° to 240°0 solar longitude. In each area, the variability of the thermospheric temperature is on the same order of magnitude than the global variability for the whole SPICAM dataset analyzed. Panels d, e, and f are a zoom on panel b. Even on a short timescale (a few orbits), a large variability of the thermospheric temperature is apparent.

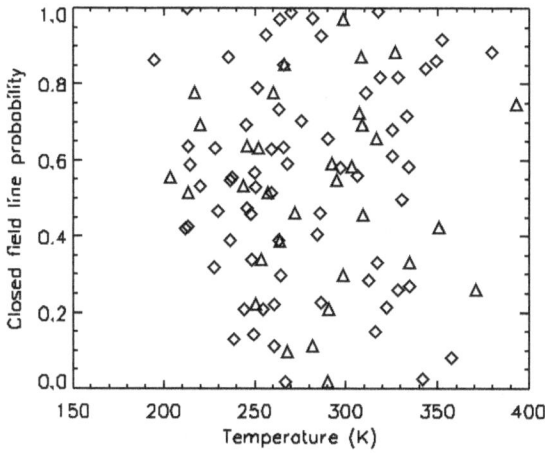

Figure 8. Influence of the crustal magnetic field on thermospheric temperatures. The measured temperatures are expressed as a function of the probability to encounter a closed magnetic field line. The diamonds represent temperatures derived from CO Cameron emission profiles while the triangles represent the values derived from the CO_2^+ emission profiles. The ratio between the radial component of the magnetic field and the intensity of the magnetic field vector is used as a proxy of this probability. As the ratio is clone to one, the magnetic field is almost exclusively composed of its radial component. No correlation is found between the thermospheric temperatures and the probability of open field line.

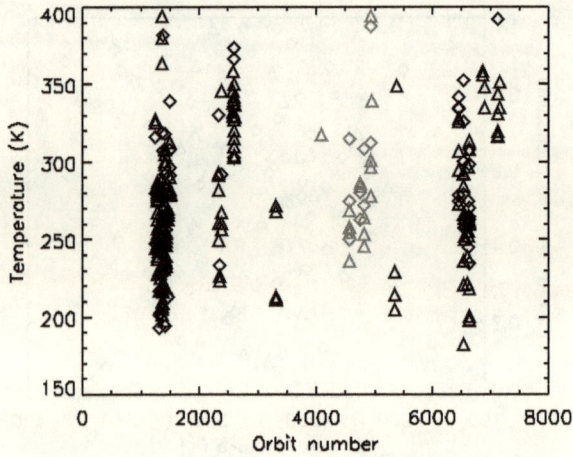

Figure 9. Influence of the dust storm on the thermospheric temperature.

The diamonds represent temperatures derived from CO Cameron emission profiles while the triangles represent the values derived from the CO_2^+ emission profiles. The red symbols correspond to observations taken during the terrestrial year 2007. During this year, a major dust storm occurred. The temperatures derived from observations taken during year 2007 are not different from those derived from observations performed during other years.

3.1.3. Travail réalisé depuis la soumission de l'article et conclusions sur la détermination des températures martiennes.

Le travail présenté est une étude de profils verticaux des émissions ultraviolettes de CO Cameron ($a^3\Pi$–$X^1\Sigma^+$) et de CO_2^+ ($B^2\Sigma^+$ - $X^2\Sigma^+$) enregistrés par SPICAM en mode limbe rasant. Ces émissions sont directement liées au flux solaire qui atteint le sommet de l'atmosphère de Mars et au profil vertical de densité de CO_2. Comme ces émissions ne sont pas absorbées dans la thermosphère, leur hauteur d'échelle est égale à celle de CO_2. Cette conclusion a été vérifiée en comparant les hauteurs d'échelle de l'émission de CO Cameron, de CO_2^+ et de la densité de CO_2 résultant des simulations numériques du MTGCM utilisées par Cox et al. (2010). La différence de hauteur d'échelle de l'atmosphère neutre et de l'émission est de l'ordre de ~3%. La hauteur d'échelle de l'émission est directement obtenue en utilisant une méthode d'ajustement de Levenberg-Marquardt (Bevington and Robinson, 1992) sur la partie haute du profil vertical d'émission, la hauteur d'échelle est obtenue. Elle est proportionnelle à la température à l'altitude où elle est calculée ($H[CO_2]=kT/m[CO_2]g$). La température au voisinage de 150 km d'altitude est donc déduite de l'airglow observé.

Une légère différence apparait entre la température déduite des profils de CO_2^+ et de CO Cameron. La moyenne de T_{CO} est 275 ± 6K, tandis que la moyenne de T_{CO2+} est 270 ± 5 K. Le test T de Student montre cependant que la différence n'est pas globalement significative, dans un intervalle de confiance de 99%.

L'étude de l'erreur sur la déduction de la température à partir du profil d'émission a été effectuée. En effet, chaque point du profil au limbe (un par seconde) est accompagné d'une erreur instrumentale, indiquée dans la structure de chaque donnée (voir annexe A). Lorsque l'ajustement de Levenberg-Marquardt (Bevington and Robinson, 1992) est effectué sur un profil d'émission affecté d'une erreur sur chaque mesure, il est possible de connaître l'erreur sur la pente de l'exponentielle, et d'en déduire l'erreur sur la température. La matrice de covariance est calculée pour le set de paramètres. Si N est le nombre de paramètres, il s'agit d'une matrice N x N dont la racine carrée des éléments diagonaux donne l'erreur à 1-σ sur chaque paramètre. Les erreurs varient grandement depuis 1 ou 2 K jusqu'au même ordre de grandeur que la température elle-même (pour les profils où le rapport signal sur bruit est faible aux alentours de 150 km). Afin de discriminer entre erreur et variabilité, il est nécessaire de caractériser l'erreur relative (soit erreur/température). Cette information est présentée aux Figures 40 et 41, qui montrent la distribution de l'erreur relative pour la température déduite des profils d'intensité de CO Cameron et de CO_2^+. L'erreur relative, dans les deux cas, est proche de 10%. Elle est donc inférieure à la variabilité qui est de l'ordre de 20%.

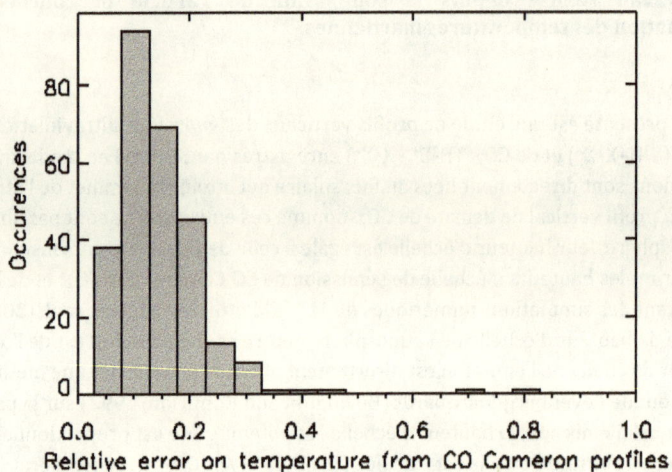

Figure 40 – Histogramme de l'erreur relative sur la détermination de la température déduite des profils d'intensité des bandes de Cameron.

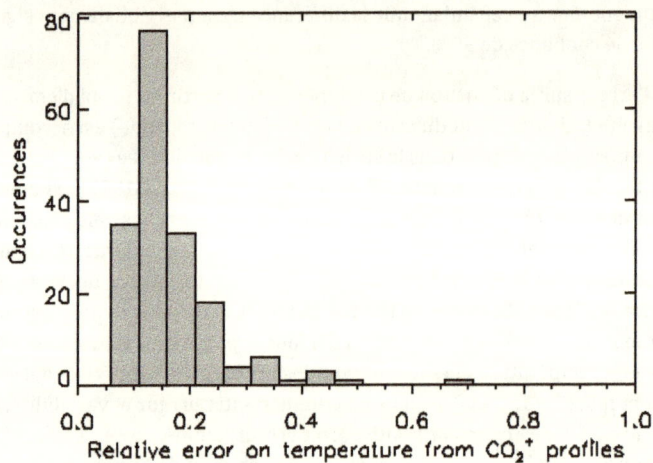

Figure 41 – Histogramme de l'erreur relative sur la température déduite des profils d'intensité de CO_2^+.

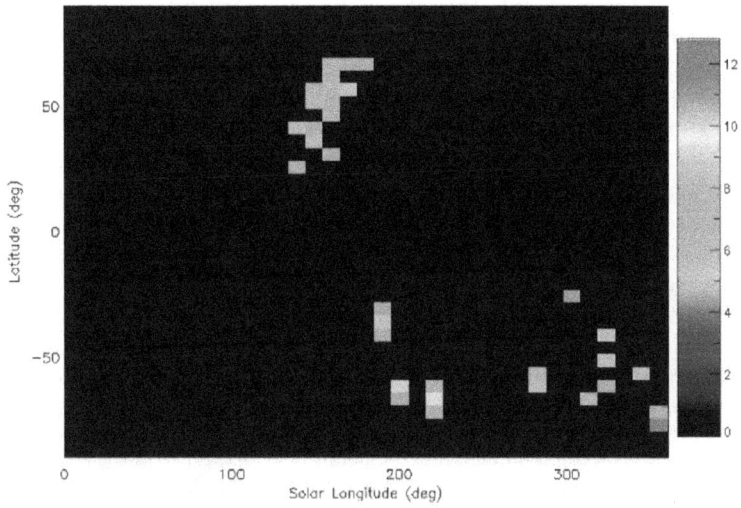

Figure 42 - Carte de l'erreur sur la mesure de la température à partir des profils de CO_2^+

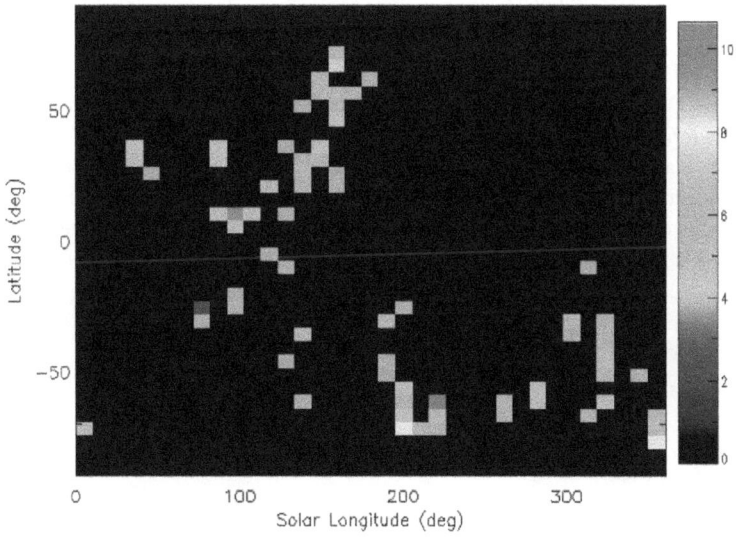

Figure 43 - Carte de l'erreur sur la mesure de la température à partir des profils de CO Cameron

Les Figures 42 et 43 montrent la cartographie de l'erreur sur la température cause par les erreurs inhérentes à la mesure de l'airglow. Ces cartes permettent de comparer de manière visuelle la variabilité intrinsèque à la température avec l'erreur sur la mesure. Trois zones (A, B et C) étaient définies dans l'article ci-dessus. L'erreur moyenne dans ces zones vaut 5, 6,5 et 14 K, pour CO Cameron et 11, 16 et 20 K pour CO_2^+, respectivement. La température moyenne et la variabilité à 1-σ dans ces zones valent 251 ± 27, 304 ± 41 et 262 ± 37 K pour CO Cameron et 255 ± 44, 309 ± 50 et 290 ± 35 K pour CO_2^+, respectivement. Nous avons vu que l'erreur sur la base de donnée totale est plus petite que la variabilité. Cette conclusion reste la même dans les zones A, B et C. Ces zones ont été choisies de manière à ne sélectionner que des observations réalisées dans des conditions proches (longitude solaire, latitude et flux solaire) de sorte de mettre en évidence la variabilité de la température à courte échelle spatiale et temporelle. Comme l'erreur moyenne dans chacune de ces zones est inférieure à la variabilité calculée dans chacune de ces zones, cela confirme que les différences sont dues à une variabilité et non pas à des erreurs de mesure.

Plusieurs paramètres peuvent influencer la température de la thermosphère de Mars. Cette étude montre qu'aucun facteur analysé (latitude, longitude, longitude solaire, champ magnétique rémanent, poussière dans la basse atmosphère, ...) ne peut expliquer seul la valeur moyenne de la température de la thermosphère et sa grande variabilité observée. En particulier, un résultat important est que l'angle solaire zénithal, la longitude solaire (la saison) et l'activité solaire ne contrôlent pas totalement la température dans la thermosphère de Mars.

La Figure 44 montre la température en fonction de la probabilité de se trouver au-dessus d'une ligne fermée de champ magnétique. L'instrument MGS a en effet mesuré cette probabilité et a produit une carte latitude/longitude. Dans les endroits où la probabilité est élevée, Leblanc et al. (2006) ont remarqué une augmentation de la température, qu'ils imputent à la précipitation d'électrons dans l'atmosphère. Il semble que leur résultat soit imputable à la taille réduite de la base de données SPICAM dont ils disposaient.

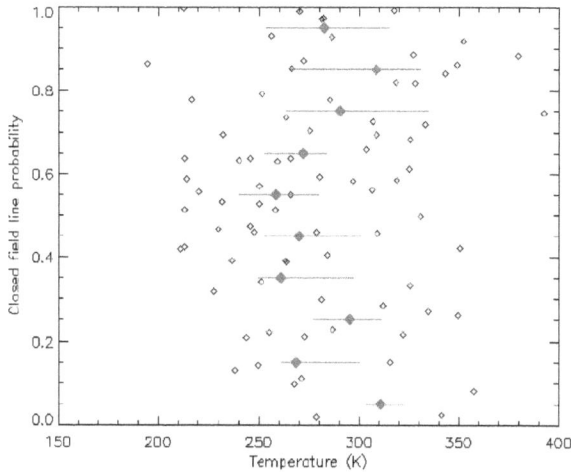

Figure 44 - Influence du champ magnétique sur la température: données individuelles diamants noirs), moyennes (diamants rouges) et écart-type (barres horizontales).

Pour des indices d'activité solaire (F10.7) faibles à modéré, l'étude montre que cette dernière n'exerce pas une influence majeure sur la température. Ce résultat est actuellement analysé à la lumière des modélisations numériques du M-GITM. La Figure 45 montre la température moyenne (à partir de profils de CO_2^+, tandis que la Figure 46 montre la température à partir de profils de CO Cameron) tirée de ce travail pour diverses valeurs de l'indice F10.7 (ramené à sa valeur sur Mars), ainsi que son écart-type (zone grisée) sur des bins de 5 valeurs de F10.7. Les lignes de couleurs représentent la température obtenue par le M-GITM à plusieurs altitudes. Dans les deux cas, il semble que le modèle sous-estime la température (à toutes les altitudes) pour des valeurs faibles de F10.7 (activité solaire faible). Ce résultat est en cours d'analyse. L'hypothèse de travail actuelle est que, lorsque l'activité solaire est faible, des phénomènes internes à l'atmosphère de Mars, tels que des ondes de gravité, réchauffent la thermosphère. En effet, actuellement, le M-GITM n'est pas capable de rendre compte de tels phénomènes. Notons que la base de données ne couvre que des activités solaires faibles à modérées. Une activité solaire forte correspondrait, pour Mars, un indice F10.7 proche de 80. La modélisation est effectuée à un temps local moyen entre 14 et 17h, aux latitudes subsolaires (latitudes proches du point subsolaire en tenant compte de la saison et de l'inclinaison de Mars sur son orbite), pour trois altitudes différentes représentées par un code de couleur.

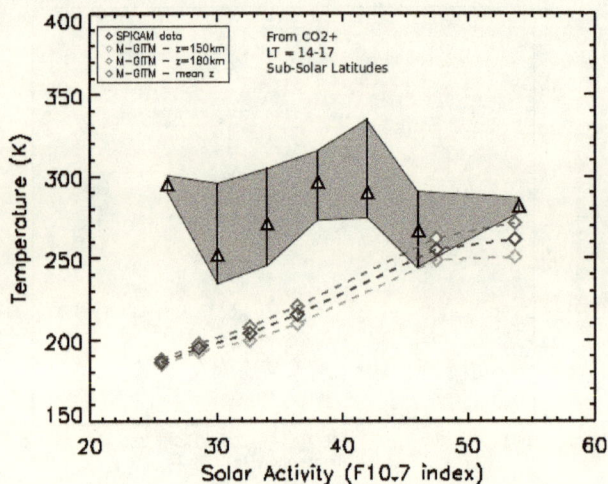

Figure 45 - Comparaison entre les données SPICAM de température de la thermosphère et le M-GITM pour différentes activités solaires

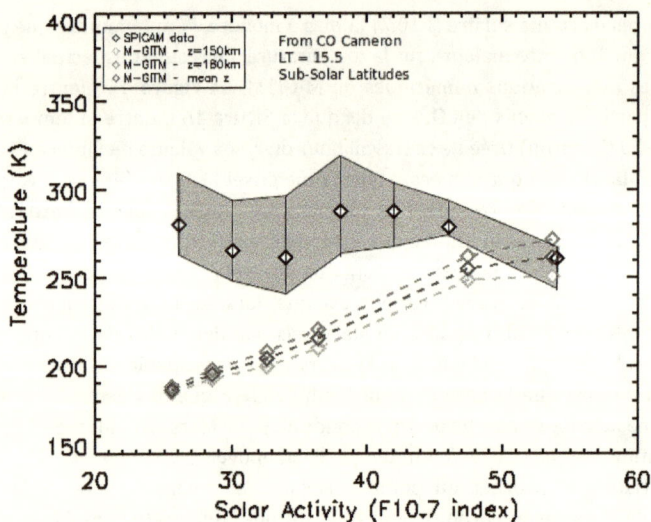

Figure 46 - Idem Figure 45 avec CO Cameron

Les Figures 47 et 48 représentent respectivement la température moyenne tirée de profils de CO_2^+ et de CO Cameron avec sa variabilité (zone grisée) et la comparaison avec le M-GITM pour différentes valeurs de l'angle solaire zénithal (à diverses valeurs d'activité solaire). Dans les deux cas, le modèle est capable de rendre compte des valeurs de température en supposant une forte activité solaire. Ce résultat est en accord avec l'hypothèse de travail avancée précédemment : la température semble être plus haute que prévue par le modèle pour les conditions d'activité solaire faible et modérées en raison de processus internes à l'atmosphère de Mars qui réchaufferaient sa thermosphère.

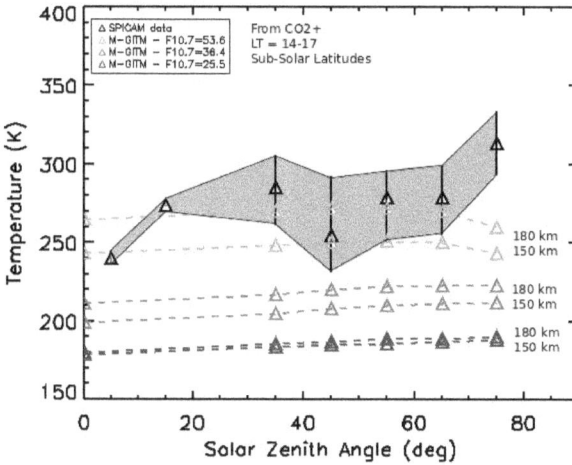

Figure 47 - Température moyenne en fonction du SZA à partir des observations SPICAM de CO_2^+ et du M-GITM à plusieurs valeurs d'activité solaire

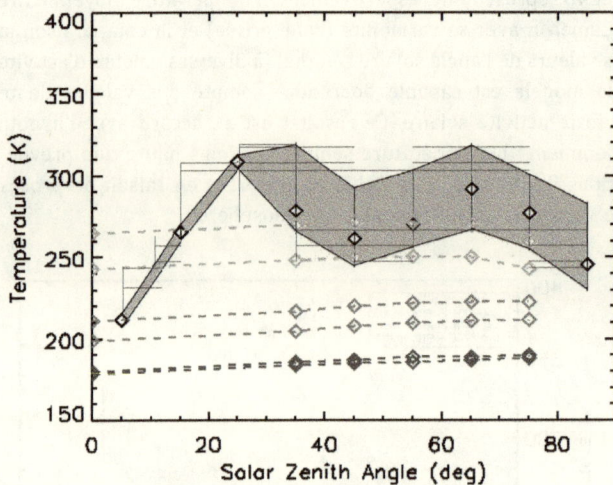

Figure 48 - Idem Figure 47 pour CO Cameron

Les observations SPICAM desquelles est déduite la température montrent de larges variations non corrélées avec le flux solaire incident (F10.7, SZA, LS). Des études précédentes (Stewart et al., 1972 ; Cox., 2010) montrent que l'intensité du pic d'émission de CO_2^+ et de CO Cameron sont liés à l'activité solaire. Par contre, cette étude confirme les travaux montrant que la température n'est pas contrôlée de manière unilatérale par l'activité solaire (Stewart, 1972 ; Leblanc et al., 2006). La comparaison entre les données SPICAM et le M-GITM suggèrent que le forçage solaire sur la haute atmosphère n'est pas suffisant pour de faibles activités solaires. (S_{min}). Dans ce cas, les ondes de gravité sont une hypothèse avancée pour expliquer à la fois le réchauffement atmosphérique et la grande variabilité en température à courte échelle spatiale et temporelle. Par contre, en période de forte activité solaire, le modèle rend bien compte de la température déduite des observations de l'airglow. Pour S_{max}, le forçage solaire joue un rôle majeur dans le contrôle de la température moyenne. Par contre, la variabilité ne peut être expliquée. Dans ce cas encore, l'hypothèse avancée est un réchauffement et/ou un refroidissement à courte échelle temporelle et/ou spatiale par des ondes de gravité.

Enfin, signalons que la mission MAVEN fournira des mesures in-situ (NGIMS) et d'airglow (IUVS) qui permettront de contraindre ces résultats et d'améliorer leur compréhension. Cette discussion est présentée dans les perspectives (partie C) de cette thèse.

Figure 49 - Vue d'artiste de la sonde MAVEN

3.2. L'étude du nightglow de Mars et des aurores ultraviolettes

Deux types d'émissions sont enregistrés par SPICAM du côté nocturne de Mars. La première est l'airglow de nuit de la molécule NO (comme sur Vénus, décrit dans la partie A de la thèse). Cette émission est actuellement analysée et les résultats préliminaires sont présentés ci-dessous.

Le second type d'émission enregistré comprend la bande de CO Cameron et le doublet CO_2^+. Il ne s'agit pas d'airglow, mais bien d'émissions aurorales. Elles sont dues à la précipitation d'électrons dans la haute atmosphère de Mars qui interagissent avec la molécule CO_2. Ces émissions sont elles aussi étudiées, mais seront présentées dans les perspectives qui feront suite à cette thèse.

3.2.1. Avant-propos sur l'étude de l'émission NO

Les données SPICAM de nightglow utilisées pour cette étude sont accumulées en mode limbe rasant. Les observations couvrent une période de 2003 à 2013, soit presque un cycle solaire complet. Cette étude permet de faire une étude globale de l'émission de NO en utilisant aussi les données d'occultation stellaire analysées par Gagné et al. (2013).

Les données SPICAM peuvent ne pas être utilisables pour plusieurs raisons :

- Du rayonnement solaire peut avoir pénétré dans le chemin optique. Dans ce cas, le détecteur peut enregistrer ce rayonnement qui est plus intense que l'émission de NO d'un facteur proche de deux ordres de grandeur.
- Les données avec un drapeau négatif (données *flaggées*, voir annexe A) peuvent être trop nombreuses pour que l'observation soit utilisable. De même, des données peuvent être flaggées lorsque SPICAM observe le pic d'émission de NO. Dans ce cas, le pic ne peut être identifié. L'observation est alors retirée de l'étude statistique.
- L'intensité de l'émission enregistrée ne dépasse pas 0,5 kR (le seuil de détection). Dans ce cas, l'observation est interprétée comme une non-détection.

3.2.2. Etude actuellement menée

La Figure 50 montre la distribution des données durant les dix ans d'observations de SPICAM. La base de données comporte 2570 observations de nightglow de Mars, parmi lesquelles 82 ont permis l'identification du pic de l'émission de NO. Au total, 700 observations montrent une contamination solaire et doivent donc être retirées de la statistique, 111 observations présentent un maximum inférieur à 0,5 kR et ne permettent donc pas de détecter de pic de NO et 1789 observations sont des non-détections. La Figure 50 montre la distribution de l'ensemble des détections, par année terrestre. La distribution des détections positives est indiquée en bleu.

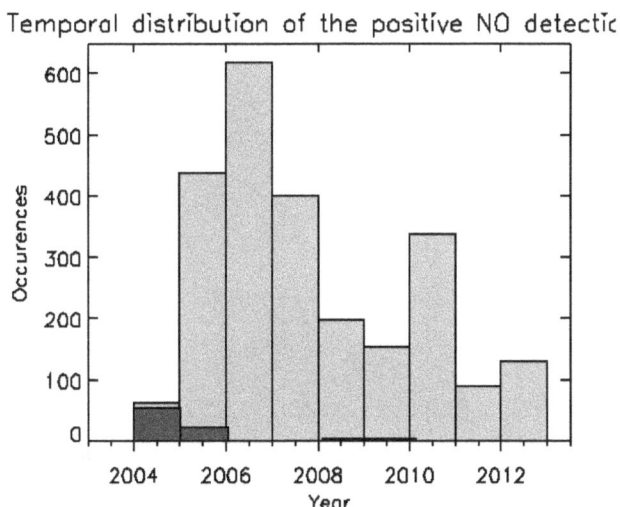

Figure 50 - Distribution annuelle des observations SPICAM de nightglow. En gris: toutes les observations. En bleu: les détections positives de NO.

Le nombre plus important de détections pendant certaines années a conduit Gagné et al. (2013) à postuler que l'activité solaire a une influence sur l'intensité du nightglow de Mars. La Figure 51 montre la distribution des observations et des détections en fonction de l'indice d'activité solaire F10.7 ramené à Mars (voir chapitre A.1.3.4.). Pour des valeurs d'indice F10.7 comprises entre 15 et 30 (activité solaire faible), la proportion observation/détection est de 2.6 %. Elle est de 4.6 % pour 30 < F10.7 < 45 (activité solaire modérée). Elle est de 45 % pour F10.7 > 45 (activité solaire forte). Il faut néanmoins remarquer que dans ce dernier cas, le

100

nombre d'observations est faible et la statistique pourrait ne pas être représentative. Néanmoins, pour des activités solaires faibles à moyennes, cette étude semble confirmer le résultat de Gagné et al. (2013) : le nightglow du NO de Mars semble plus facilement observable lorsque l'activité solaire augmente. Ce résultat qualitatif est en accord avec le paradigme actuel de production du nightglow de NO : N(^{4}S) et O(^{3}P) sont produits du côté jour lors de la photodissociation de CO_2 et N_2 par le flux solaire extrême ultraviolet puis transportés par la circulation hémisphérique été-hiver du côté nuit, suivi par la recombinaison en NO*. Ce résultat est de bon augure pour les observations IUVS de la mission MAVEN qui seront effectuées au maximum de l'activité solaire de ce cycle.

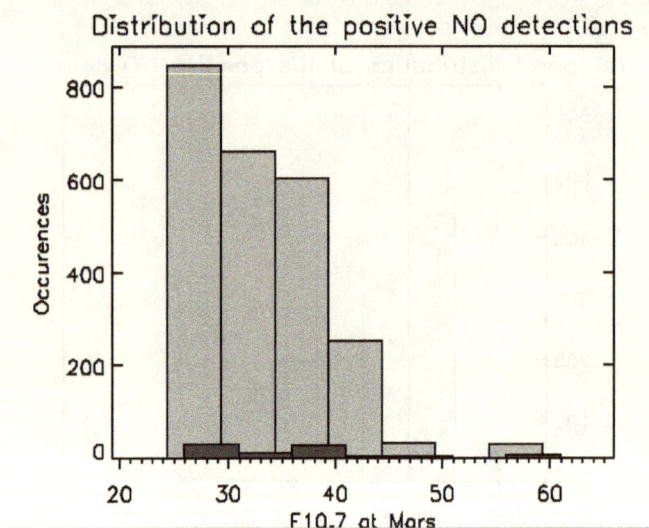

Figure 51 - Distribution des observations par activité solaire. En gris: toutes les observations. En bleu: les détections de NO.

Les caractéristiques du pic (altitude et intensité) de l'émission de NO de Mars sont très variables. L'intensité du pic varie entre 0,5 et 19 kR, avec une moyenne égale à 5 kR et une déviation standard égale à 4,5 kR. Le pic d'émission se produit à des altitudes comprises entre 42,5 et 98 km avec une valeur moyenne de 72 ± 10,4 km. La hauteur d'échelle de l'émission est obtenue en ajustant la partie haute du profil (quelques kilomètres au-dessus du pic, la méthode est expliquée plus en détail dans la section 3.1.1.) par une exponentielle. La hauteur d'échelle varie de 1.5 à 19.7 km, avec une moyenne égale à 11 ± 4 km. Notons cependant la présence de quelques valeurs inhabituelle (h ~ 30 km) qui devront être analysées plus avant

101

par la suite. La base de données utilisée par Cox et al., (2008) contenait 21 observations positives de NO. Elle couvrait des latitudes comprises entre 60 °N et 60°S, et ne contenait pas les temps locaux après 02h00. Les 82 observations utiles de cette étude sont confinées dans la même zone d'observation. La Figure 52 montre la position des pics des 82 observations utilisées pour cette étude, en termes de temps local et de latitude. Les temps locaux après minuit (de 25 à 30h) sont relatifs au matin (de 1h à 6h du matin). Les symboles différents séparent les saisons (8 symboles sont utilisés, un par saison dans chaque hémisphère, comme indiqué dans la légende de la Figure).

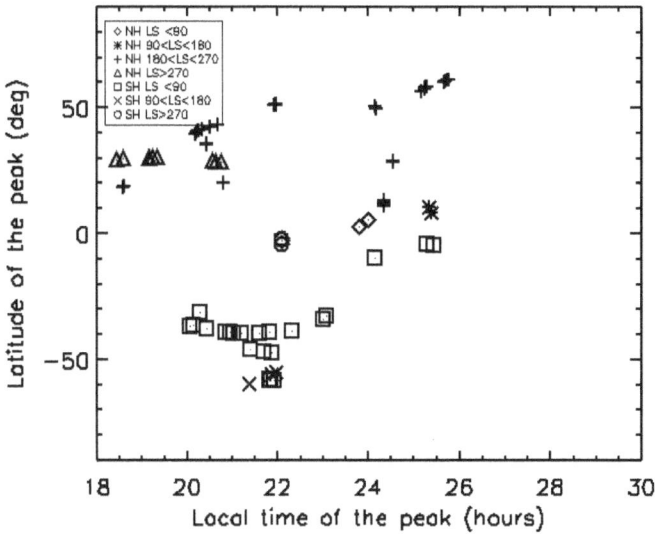

Figure 52 - Distribution des observations SPICAM correspondant à des détections de l'émission NO.

Gagné et al. (2013) ont analysé 2215 occultations stellaires réalisées par SPICAM et ont pu en déduire des informations sur la distribution de l'émission de NO, et les possibles influences sur l'altitude et la brillance de son pic d'émission (technique exposée dans Royer et al., 2010 et Royer, 2010) dans 128 d'entre-elles. Ces observations ont été comparées avec celles de SPICAM en mode limbe rasant (cette étude). La Figure 53 montre la même distribution que présentée à la Figure 52, mais avec les détections (en rouge) par occultation stellaire en plus.

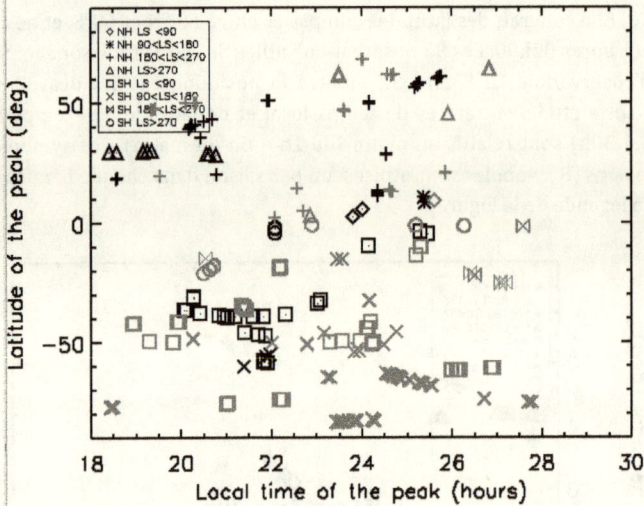

Figure 53 – Idem Figure 52 avec en plus les observations SPICAM d'occultation stellaire (rouge)

Cox et al. (2008) et Gagné et al. (2013) n'ont remarqué aucune corrélation entre l'intensité du pic et son altitude. Néanmoins, Cox et al. (2008) ne disposaient que de 21 profils au limbe et la méthode d'inversion (développée et décrite par Royer, 2010 et Royer et al., 2010) qui permet à Gagné et al. (2013) d'analyser l'émission de NO à partir d'une occultation stellaire ne donne qu'une estimation de l'altitude de l'émission. Celle-ci est égale à l'altitude réelle de l'émission en supposant une distribution homogène à symétrie sphérique de l'émission (Royer et al., 2010). Notre étude confirme néanmoins ce résultat sur une base de données quatre fois plus vaste que celle utilisée précédemment (voir Figure 54). Cette absence de corrélation est probablement due au caractère hautement variable et imprévisible (en raison des inhomogénéités de flux d'azote et d'oxygène descendants) de l'émission de nightglow sur Mars, ainsi que suggéré par Cox et al. (2008).

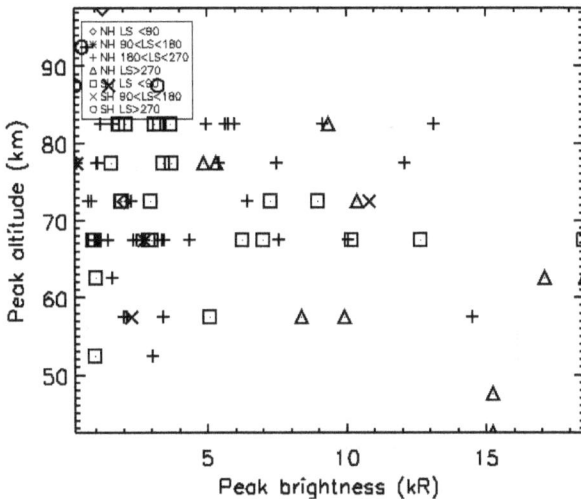

Figure 54 – Distribution de la brillance du pic d'émission de NO en fonction de l'altitude. On remarque une absence de corrélation entre l'altitude et la brillance du pic d'émission de NO.

Cox et al. (2008) ont montré sur une base de données limitée que la latitude où une émission se produit influence à la fois son altitude et son intensité. Ainsi, ils présentent une tendance pour des pics d'émission plus brillants et plus bas en altitude aux hautes latitudes (typiquement latitude > 50°). Les Figures 55 et 56 et 57 montrent que ce phénomène, inexpliqué par Cox et al. (2008) résulte probablement de la faible statistique à leur disposition. De même, les simulations du modèle LMD et les résultats obtenus à partir d'occultations stellaires de SPICAM confirment le résultat de mon étude et proposent une dépendance de l'émission autre que strictement latitudinale. La Figure 57 reprend l'ensemble des détections de NO enregistrées par SPICAM en mode occultation stellaire (rouge) et limbe rasant (noir, cette étude). L'étude de l'altitude du pic d'émission étant soumise à certaines hypothèses non vérifiées (homogénéité de la couche d'émission sous une configuration de symétrie sphérique) dans le cas de données d'occultation stellaire (Royer, 2010), je n'ai pas utilisé les données SPICAM d'occultation stellaire pour étudier l'altitude du pic de l'émission de NO. Par contre, les profils les plus brillants sont en effet situés aux hautes latitudes.

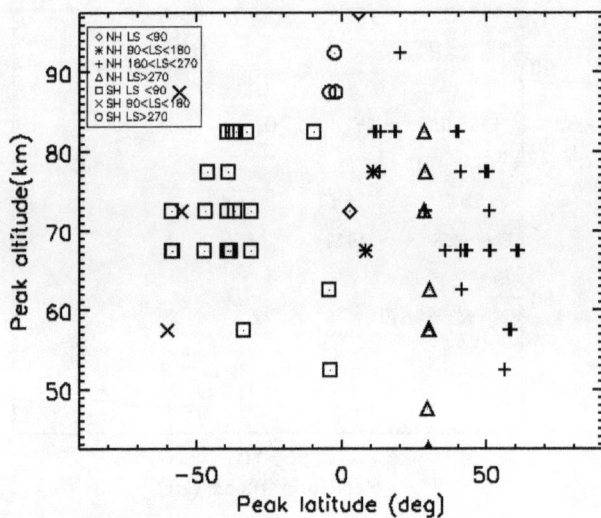

Figure 55 - Altitude du pic de l'émission de NO en fonction de la latitude dans les deux hémisphères.

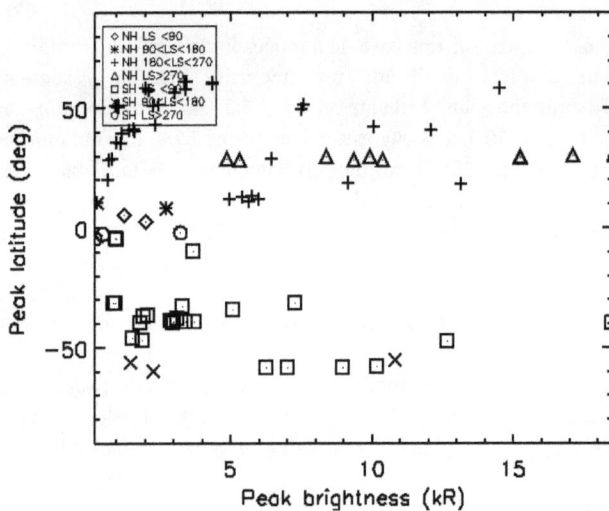

Figure 56 - Brillance du pic de l'émission de NO en fonction de la latitude. Les émissions les plus brillantes sont observées aux latitudes les plus élevées.

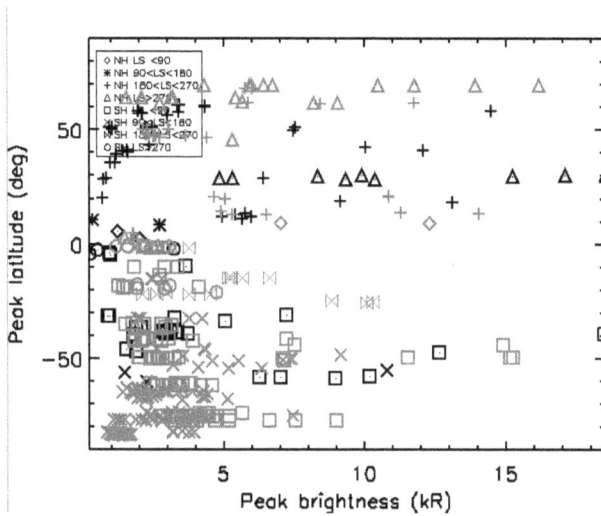

Figure 57- Idem que Figure 56 avec en plus les données d'occultation stellaire (rouge) qui confirment le résultat
précédent.

Gagné et al. (2013) ont montré que les détections de l'émission de NO se distribuent selon une
relation $latitude = -80 \sin(longitude \ solaire)$. Autrement dit, les régions où sont situées
les détections de NO suggèrent que les constituants sont transportés du côté jour vers le côté
nuit en suivant un flux atmosphérique de l'hémisphère d'été vers l'hémisphère d'hiver. Ce
résultat est présenté en Figure 58, qui reprend les données obtenues par SPICAM en mode
limbe (carrés, il s'agit ici des observations analysées par Cox et al., 2008) et en mode
occultation stellaire (losanges). Le code de couleur indique la brillance du pic, comprise entre
0,5 et ~10 kR.

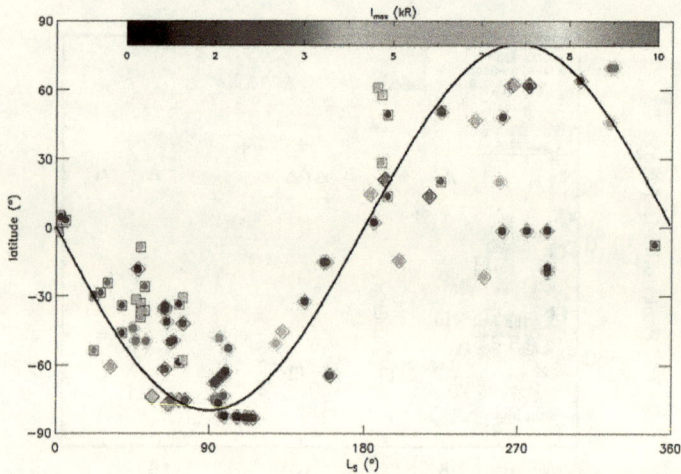

Figure 58 - Distribution des données présentant une émission de NO observée par occultation stellaire (Gagné et al., 2013).

Cette distribution est en accord avec les simulations numériques du transport réalisées par le modèle LMD et présenté à la Figure 59. Si la position des détections de NO est bien reproduite, le modèle surestime légèrement le maximum d'émission de NO. Notons cependant que peu d'observations au limbe ont été réalisées à proximité des pôles (là où le modèle indique les valeurs les plus élevées de l'émission de NO) et qu'il est par conséquent possible que cette différence soit due à un biais observationnel.

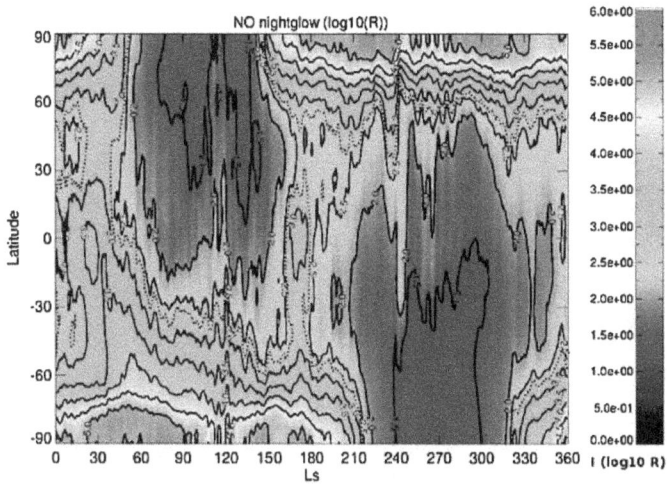

Figure 59 - Simulation de l'intensité de l'émission de NO par le LMD (Gagné et al., 2013).

La Figure 60 illustre la distribution des observations SPICAM en mode limbe (ce travail) du côté nuit de Mars (points), ainsi que les endroits où une détection de NO a été positive (losanges). Superposée à la Figure est tracée la courbe $latitude = -80 \sin(longitude\ solaire)$. Cette étude confirme celle décrite par Gagné et al. (2013), à quelques exceptions près. Les données s'étendent de +60° à -60° de latitude, ne couvrant hélas pas les régions polaires où les profils les plus brillants sont attendus. Des observations sont réalisées à chaque saison. La Figure 61 reprend les données SPICAM en mode limbe (noir) et en mode occultation stellaire (rouge). Les non-détections sont représentées par des points, tandis que les détections sont représentées par des losanges.

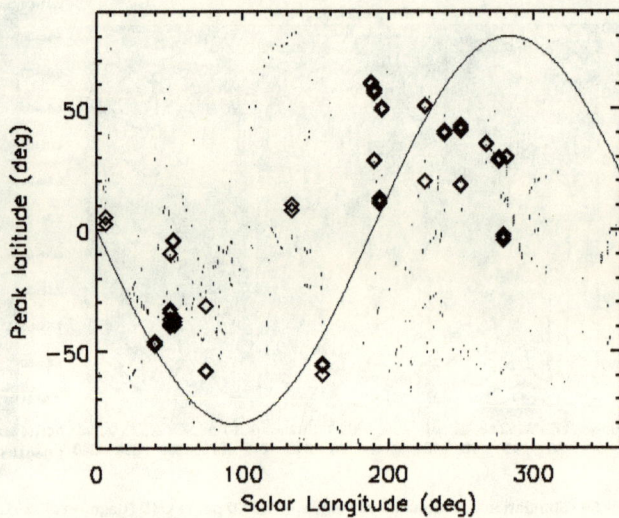

Figure 60 - Distribution des observations de l'airglow de NO par SPICAM en mode limbe rasant selon la saison.

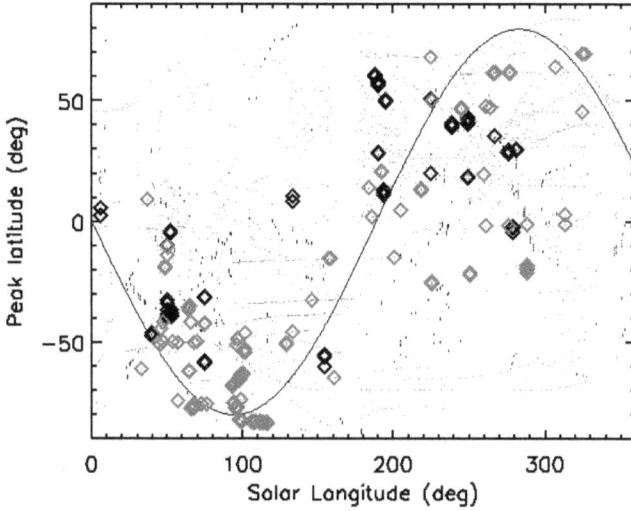

Figure 61 - Distribution des données SPICAM en mode limbe rasant (noir) et occultation stellaire (rouge). Les non-détections sont indiquées par des points, tandis que les détections positives du nightglow de NO sont représentées par des losanges.

Afin de comparer plus en détail les données au limbe de SPICAM au résultat du modèle du LMD, la Figure 61 montre l'intensité moyenne de l'émission (là où elle est observée) dans des cellules de 10° de longitude solaire et 5° de latitude. Gagné et al. (2013) (Figure 58) n'ont pas trouvé des intensités plus importantes au proche des pôles, au contraire de la simulation numérique du LMD (Figure 59). Les données SPICAM sont cohérentes entre elles. Cette étude conduit à la même conclusion à partir des données au limbe.

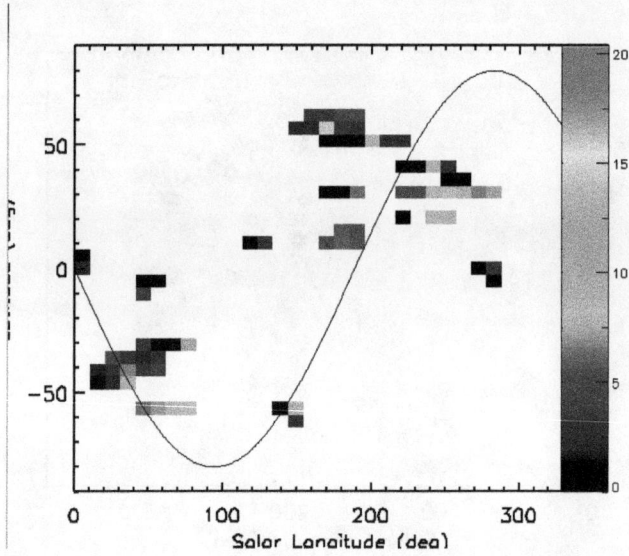

Figure 62 – Observations au limbe du NO. Le code de couleur indique l'intensité moyenne, en kR, dans chaque bin.

L'étude actuelle, en cours, consiste à utiliser les données d'occultation stellaire et d'observations au limbe, dont nous avons montré la compatibilité, pour une analyse statistique de la brillance du pic et de la position de l'émission et une comparaison plus détaillée avec le modèle du LMD afin de contraindre la circulation de l'hémisphère d'été vers l'hémisphère d'hiver de la haute atmosphère de Mars.

3.3. Etude sur 10 ans d'observations du nightglow de NO par Mars Express

We present ten years of Martian NO nightglow SPICAM observations in limb and stellar occultation modes.

The NO nightglow is used as a tracer of the summer-to-winter hemispherical circulation in the upper atmosphere of Mars. Its distribution roughly follows the curve latitude = -80 sin(solar longitude), with deviations. We find that the peak brightness is 5 ± 4.5 kR, situated at 72 ±10.4 km. It ranges from 0.23 to 18.51 kR and from 42 to 97 km. These values are consistent with previous studies. We also present maps of the brightness of the NO emission peak and its variability, an important factor that can reach up to 50% of the emission and is not reproduced by average brightness model maps. The characteristics and factors that may control the emission are investigated. In particular, we show that the solar activity exerts a positive influence on the number of detections. It does not influence, on the contrary, the brightness or altitude of the peak of the NO nightglow emission.

Results presented in this study lead to future comparisons with global Martian atmospheric models and observational targets for the IUVS-MAVEN.

1. Introduction

The upper atmosphere of Mars dynamics, energy balance, structure and composition depend on its multiple interactions with the lower atmosphere and the ionosphere. Its study enhances our understanding of the atmosphere and its coupling with the solar forcing. The upper atmosphere is the major target of present and future Martian missions as the NASA Mars Atmosphere and Volatile Evolution (MAVEN) spacecraft. The study of planetary airglow provides valuable information concerning the atmosphere where it is produced as these emission remotely probe the composition, temperature and dynamics of an atmosphere.

In the dayside thermosphere of Mars, the extreme ultraviolet solar radiations photodissociate CO_2 and N_2 molecules. $O(^3P)$ and $N(^4S)$ atoms are then carried by the summer-to-winter hemispheric transport. They recombine to form $NO(C^2\Pi)$ excited molecules that directly emit the UV δ and γ bands (the δ bands are emissions of the $C^2\Pi$ state, while the γ bands are emissions of the $A^2\Sigma$ state, which has been populated by cascading from the $C^2\Pi$ state): these emissions are indicators of the N and O atom fluxes transported by the summer-to-winter dayside to nightside Hadley cell.

The first detection of the nitric oxide UV airglow on Mars nightside was reported by Bertaux et al. (2005) using the SPICAM (Spectroscopy for Investigation of Characteristics of the Atmosphere of Mars) spectrograph on board Mars Express (MEx). They observed an emission peak reaching 2.2 kR located at 70 km. The limiting factor for this emission is the nitrogen atom flux descending towards the atmospheric layer where N atoms recombine with O to produce NO*. They estimated this downward flux to be 2.5 x 10^8 atoms cm^{-2}

s^{-1}, about a third of the production of N atoms by EUV photodissociation of N_2 molecules on the dayside.

Cox et al. (2008) looked for correlations between the emission peak brightness and altitude with several factors that may affect the emission rates, such as: latitude, local time, magnetic field and solar activity. They noticed that none of these factors seems to control the emission, which exhibit large variations. The dataset used by Cox et al. (2008) included 21 airglow detections between August 2004 and May 2006. The characteristics (brightness and altitude) of the NO emission peak from the study of Cox et al. (2008) are summarized in Table 1. Cox et al. (2008) compared observational emission profiles with the results of a one-dimensional chemical-diffusive model in which the continuity equations for $O(^3P)$ and $N(^4S)$ and NO are used to determine the eddy diffusion, oxygen and nitrogen density profiles and the vertical downward nitrogen flux.

Gagné et al. (2013) used 2275 SPICAM stellar occultations accumulated between June 2004 and September 2009 to analyze 128 detections of the NO nightglow. They noticed an interannual variability of the number of detection of the emission, linked to changes in the solar flux during that time period . The number of detections increases with the solar flux, in agreement with the paradigm of production of $N(^4S)$ on the dayside. They analyzed the peak intensity and altitude of the NO emission see Table 1. They explained that the mean brightness they observed is higher than the value found by Cox et al. (2008) as the result of two factors: the dataset they used is larger than the dataset of Cox et al. (2008) and it contains observations in various seasons covering three Martian years. The observations they analyzed were obtained in large part at higher solar activity. Gagné

114

et al. (2013) also noticed that the peak altitude is statistically lower in the southern hemisphere. This hemispheric asymmetry was not reproduced by the LMD (Laboratoire de Météorologie Dynamique) model described by Gonzalèz-Galindo et al. (2009) and Lopez-Valverde et al. (2011). No correlation was found between the altitude and the brightness of the peak. They explained that this is caused by the fact that the emission is localized in regions where downward fluxes of N and O atoms are important. In agreement with the LMD results, the detections of the NO δ and γ bands are roughly located along the curve latitude = -80 $\sin(L_s)$, with outliers (detections away from the curve) and non-detections along the curve. The LMD model also predicts a brightness at the winter poles exceeding 100 kR, which was never detected Finally, Gagné et al. (2013) pointed out another discrepancy between the data and the model: the large variability for the altitude of the peak is not reproduced by the LMD model.

We here use detections and non-detections of the NO δ and γ bands by SPICAM to investigate the dynamics of the nightside upper atmosphere of Mars. The dataset used in this study covers the years 2003-2013, almost a full solar cycle. Results shown in this study will provide comparative information useful for the future observations of the Martian UV nightglow by the Imaging UltraViolet Sprectrograph (IUVS) on board the MAVEN spacecraft and useful information for future improvements of GCMs.

2. Observations

The Mars Express spacecraft travels along a nearly polar eccentric orbit with a period of 6.72 hour, a periapsis of about 300 km and an apoapsis of 10,100 km. The SPICAM instrument on board Mars Express is composed of both an UV and an infrared spectrometer. The UV spectrometer covers the range from 118 to 320 nm, which includes the totality of the NO δ and γ bands, from 190 to 300 nm.

We use measurements from the UV spectrometer SPICAM in limb profile mode, described by Bertaux et al. (2006) and Cox et al. (2008). A typical observation lasts ~ 20 minutes with one spectrum recorded every second in each of the 5 spatial bins (adjacent segments of the CCD) of the instrument. A spectrum can be collected after photons travel through either a small (50 μm) or a wide (500 μm) slit, providing a spectral resolution of 1.5 and 6 nm respectively. The spatial vertical resolution depends on the distance between the spacecraft and the atmosphere of Mars, and may be as small as a few kilometers when the spacecraft is close to the planet. The field of view of a single SPICAM pixel is 40x40 arcsec.

This study also includes the SPICAM observations performed in stellar occultation mode, as described by Bertaux et al. (2006) and Gagné et al. (2013). During a stellar occultation observation, the spacecraft pointer is directed to a star, hence providing an absolute calibration of the emission by subtracting the known star brightness. The technique used to retrieve the NO emissions from stellar occultations was described by Royer et al. (2010) and developed to study the nitric oxide emissions in the upper nightside atmosphere of Venus.

These two techniques provide a large dataset of 5000 observations among which more than 200 present identifiable NO emissions. In the limb viewing mode, 700 observations are contaminated by photons from the bright dayside, which is orders of magnitude brighter than the nitric oxide emission. These 700 observations have therefore been ignored

116

in the data analysis. 111 observations do not allow defining the peak brightness and altitude because of very low emissions, which are typically under 0.2 kR. 1789 observations show no detectable NO emission.

3. Results

We here analyze correlations between the peak brightness and altitude and factors such as geographical location and solar flux influence. A large inhomogeneity appears in the detection of the nitric oxide δ and γ bands. Figure 1 shows the distribution of the observations (panel a) and ratio of the number of positive detections by the number of observations (panel b) performed by SPICAM in the limb viewing mode for different F10.7 indices encountered during the 2003-2013 period. We present two sets of F10.7 values. The upper axis shows the value of the F10.7 index recorded at the time of the observation at Earth. The lower axis shows the F10.7 solar flux corrected for the distance between the Sun and Mars and the solar longitude of Mars during the observations with respect to the solar longitude of the Earth. The latter values also take into account the eccentricity of the Martian orbit. Gagné et al. (2013) showed that the number of detections increases with the solar flux. This result was reproduced by the LMD simulations. We statistically confirm this long term variability. Figure 1 panel a shows a decrease in the number of observations as the solar flux increases. We show in Figure 1b the ratio between the number of positive detections of the NO airglow and the total number of detections, for increasing solar fluxes. This is an indicator of more numerous positive detections for higher solar activity conditions. No relation between the solar activity and the peak brightness

117

was however found. The analysis of this unexpected result is beyond the scope of this paper and is a potential topic for future work.

Cox et al. (2008) showed the lack of correlation between the peak altitude and brightness. This result was then confirmed by Gagné et al. (2013). Cox et al. (2008) found a mean peak brightness and altitude of the NO emission of 1.2 ± 1.5 kR at 73 ±8.2 km. Gagné et al. (2013) found 4 ± 3.5 kR at 83 ± 24 km. Here, we find an average peak for the nitric oxide δ and γ bands of 5 ±4.5 kR located at 72 ± 10.4 km (see Table 1). We find identical results when using the same dataset as Cox et al. (2008). Our results are consistent with those from the study led by Gagné et al. (2013). The altitude of the peak is consistent in the three studies. The peak brightness and altitudes range from 0.23 to 18.51 kR and from 42 to 97 km. The emission layer (from 40 to 100 km) is larger than the one (from 60 to 80 km) predicted by the LMD model (Gonzalèz-Galindo et al. (2009)), but in good agreement with the results obtained from stellar occultations. One preliminary result found by Cox et al. (2008) is not reproduced in this extensive study: the altitude of the emission peak does not seem to be controlled by the planetocentric latitudinal position of the emission (Stiepen, 2014). Finally, peaks in the emission profiles close to the winter poles are brighter than those near the equator.

Both SPICAM stellar occultations and limb viewing observations are represented in a latitude/solar longitude map in Figure 2. In panel 2a, triangles represent the detections in stellar occultation mode while diamonds are detections in limb viewing mode. In panel 2b, grey dots show the locations of the non-detections in stellar occultation mode and black dots refer to non-detections in limb viewing mode.

118

The analysis of the brightness at different latitudes and seasons is presented in Figure 3. In figure 3, all observations are combined to construct an extensive dataset of ~200 detections. Panel a shows the mean brightness in each 5° latitude/ 10° solar longitude bin, panel b shows the 1-σ variability of the brightness in each bin, and panel c shows the number of observations in each bin.

Figures 2 and 3 summarize all observations and compare with the outputs from the LMD model (see figure 5 from Gagné et al., 2013). The model roughly reproduces the location where the NO nightglow is detected. There are however many non-detections within regions where the NO airglow is predicted to be bright and detections have been made in the equatorial region. Figure 3 shows an analysis of the variability of the emission. The LMD model reproduces well the mean brightness of the emission (Figure 3, panel a). The mean number of observations in each bin is ~10, as shown in Figure 3 panel c. The standard deviation of the mean brightness illustrates the variability of the emission for similar conditions (Figure 3 panel b). The variability can reach 8 kR, slightly less than 50% of the peak brightness of the brightest profiles. This variability cannot be reproduced in averaged simulations. The causes of this variability is unknown. Potential candidates to explain this variability include Eddy diffusion, wave drag and changes in the global circulation. This variability is an important constraint for future developments of atmospheric models.

4. Conclusions

The SPICAM instrument on board Mars Express spacecraft has observed the nitric oxide emission in two different viewing modes: tangential limb and stellar occultations.

We merged the two datasets to carry out an extensive survey of the nitric oxide δ and γ bands nightglow for almost a full solar cycle (2003-2013). The nitric oxide nightglow is a tracer of the dynamics of the upper atmosphere of Mars, useful to constrain the summer-to-winter hemispherical transport. We show that the number of detections increases with the solar activity, despite a lack of correlation between the F10.7 index and the brightness of the NO nightglow. The detection rate is also higher in specific regions: they are more frequent closer to the winter pole. The detections seem to be roughly distributed along a latitude = -80 $\sin(L_s)$ curve, in agreement with LMD simulations. The characteristics of the emission peak are analyzed and no correlation with geographical or solar flux related factors is found, in contradiction with conclusions from Cox et al. (2008). We find the peak of the nitric oxide δ and γ bands vertical profiles of 5 $\pm$ 4.5 kR situated at 72 $\pm$ 10.4 km. The peak brightness and altitudes range from 0.23 to 18.51 kR and from 42 to 97 km. We have constructed maps of the brightness of the nitric oxide emission and its variability, which show that the emission is highly variable, even for similar conditions, with variations that may reach 50% of the brightest profiles. This in an indicator of variations in the N fluxes at time scales shorter than a Martian year. Similarly, discrepancies in the regions of the detections between the data and the model are indicators of short-term variations of the N flux or the circulation pattern likely caused by changes in the Eddy diffusion, the wave drag and the global circulation. These questions will be investigated in future comparisons between the data and the model. This study may also define future investigations using the IUVS-MAVEN measurements of the nitric oxide nightglow.

120

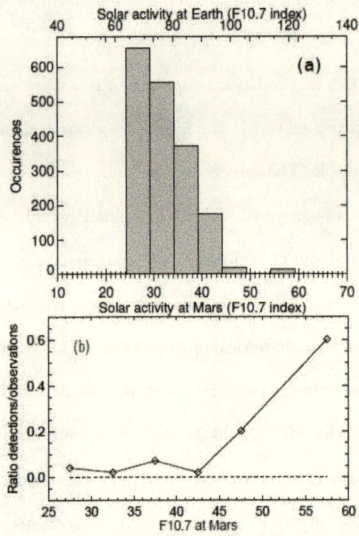

Figure 1. Distribution of the NO δ and γ bands detections as a function of solar activity. The distribution SPICAM observations is shown on panel a. Panel b shows the ratio between the positive detections of the NO emission and all SPICAM observations. Solar activity is represented by the F10.7 index values at Earth and at Mars.

Table 1. NO nightglow peak characteristics

	Cox et al. (2008)	Gagné et al. (2013)	This study
Mean peak brightness (kR)	1.2	4	5
Standard deviation (kR)	1.5	3.5	4.5
Peak brightness range (kR)	0.2 - 10.5	0.5 - 10	0.23 - 18.51
Mean peak altitude (km)	73	83	72
Standard deviation (km)	8.2	24	10.4
Peak altitude range (km)	55 - 92	40 - 130	42 - 97

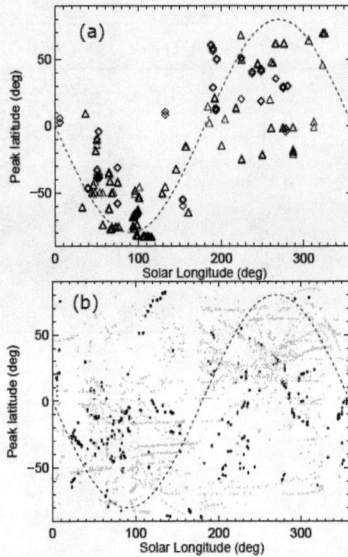

Figure 2. Mapping of the nitric oxide detections. A latitude/solar longitude map of the NO observations performed in limb scan and stellar occultation modes is presented. Panel a shows the detections of the NO nightglow. Triangles are detections performed in stellar occultation mode and diamonds show the detection made in limb viewing mode. Panel b shows the non-detections. Grey dots refer to the stellar occultation mode and black dots show the non-detections in limb viewing mode. In both panels, the line represents the curve latitude $= -80 \sin(L_s)$. Less than 5% of the observations led to detection of NO nightglow.

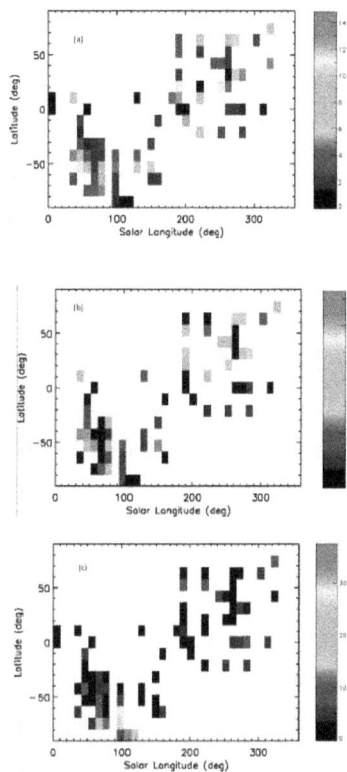

Figure 3. Mapping of the nitric oxide intensity and variability. Panel a shows the brightness of the peak averaged in 5° latitude and 10° solar longitude bins. The one-sigma standard deviation of these mean values is showed in panel b. In panel a and panel b, the color bar indicates the intensity in kR. Panel c shows the number of observations within each bin. In this panel, the color code indicates the number of occurrences. All panels include NO nightglow observations from limb viewing and stellar occultations modes.

3.4. Conclusions sur notre étude de l'airglow de Mars

Les données d'airglow au limbe enregistrées par SPICAM à bord de Mars Express ont été analysées pour en déduire la température (via la hauteur d'échelle de l'émission) de la thermosphère. Du côté nuit de la planète, la circulation de la haute atmosphère de Mars est mieux comprise grâce à l'analyse des données de nightglow de NO observé par SPICAM.

Si l'étude de Cox et al. (2010) se concentre sur le comportement du pic de l'émission de CO Cameron et de CO_2^+, notre étude de ces deux émissions a mis en évidence la variabilité de la température de la thermosphère diurne de Mars. Cette région se situe entre la haute atmosphère, influencée presque exclusivement par le forçage solaire, et la basse atmosphère, influencée par des phénomènes internes à l'atmosphère (ondes de gravité, refroidissement par CO_2, etc.). La thermosphère est une région difficilement accessible, à l'exception des mesures d'airglow et de freinage aérodynamique. Cette étude a montré que les valeurs de la température déduites de ces deux techniques sont différentes, résultat a priori surprenant qui devra être expliqué par la suite.

J'ai montré que la technique de l'airglow est utilisable dans la gamme d'altitude s'étendant de $z \sim 130$ à ~ 180 km et que la température déduite de la hauteur d'échelle de l'émission de CO Cameron et de CO_2^+ est très proche de celle de l'atmosphère neutre. Des comparaisons avec l'étude précédente utilisant un sous-ensemble des données de SPICAM (Leblanc et al., 2006) montrent quelques différences qui restent partiellement à expliquer. L'utilisation de la mesure de l'émission Ly-α de l'hydrogène comme indicateur direct de l'activité solaire extrême-UV est à effectuer, ce qui rendra la comparaison avec les observations IUVS de la mission MAVEN plus aisées (voir perspectives).

J'ai montré que la température de la thermosphère varie fortement et que ces variations sont probablement dues à la superposition du forçage solaire (prédominant aux hautes activités solaires) et de forçages internes de type ondes de gravité (prédominant aux basses activités solaires).

Du côté nuit, l'émission de NO enregistrée par SPICAM en mode limbe rasant a été comparée à celle enregistrée en mode d'occultation stellaire. J'ai montré que les deux modes d'observation sont compatibles. J'ai démontré que l'intensité et l'altitude du pic varie fortement, en accord avec les travaux précédents. De plus, je confirme sur une base de données étendue la position des détections positives et des absences de détection telle que prédite par le modèle du LMD et le paradigme du transport atmosphérique de l'hémisphère d'été vers l'hémisphère d'hiver.

PARTIE C.
Conclusions

Ce chapitre clôture cette thèse. J'ai ici l'occasion de réaliser un bilan du travail effectué pendant ces trois années et des connaissances apportées concernant les émissions aéronomiques de Mars et Vénus. Je présenterai aussi un inventaire des directions possibles à prendre pour aller plus loin dans l'étude.

1. Bilan

Dans cette thèse, le lecteur aura pu discerner deux axes principaux autour de l'étude de l'aéronomie de chaque planète :

- *Les observations au limbe du nightglow de Vénus*
- *Les observations au nadir du nightglow de Vénus*
- *Les observations du dayglow de Mars*
- *Les observations du nightglow de Mars*

Les conclusions partielles ont été indiquées à la fin de chacun des chapitres correspondants. Ce bilan va donc les replacer dans une perspective plus large.

1.1. Dayglow de Mars

Les émissions des bandes de Cameron du CO et du doublet de CO_2^+ à 288 et 289 nm de l'atmosphère de Mars permettent de déduire la température de la thermosphère. Cette étude montre que la température ne semble pas uniquement corrélée au flux solaire atteignant le sommet de l'atmosphère de Mars, ce qui peut sembler contre-intuitif au premier ordre. Cette étude se situe dans un ensemble d'études utilisant des techniques différentes (luminescence, freinage aérodynamique, ...) et donnant, étrangement, des résultats différents. De même, le modèle M-GITM sous-estime la température moyenne aux activités solaires faible à modérée. La différence entre les méthodes doit encore être expliquée. La différence entre le modèle et

126

les données est actuellement imputée à l'absence de l'effet des ondes de gravité dans le modèle. En effet, les ondes de gravité peuvent déposer de l'énergie dans la thermosphère et augmenter de la sorte la température. Les comparaisons effectuées dans le cadre de ce travail tendent à montrer que la température est contrôlée par de tels phénomènes internes à l'atmosphère en période de plus faibles activités solaires. D'autre part, le fait que le modèle reproduise bien la température à de fortes activités solaires tend à démontrer que le forçage solaire contrôle la température de la thermosphère lors de hautes activités solaires.

1.2. Nightglow de Mars

Comme sur Vénus, le nightglow de la molécule de NO est un excellent traceur de la dynamique de la haute atmosphère de Mars. Cette étude confirme les résultats préliminaires (limités à quelques observations) de Cox et al. (2010). Ils montrent en particulier la grande variabilité du pic de l'émission de NO est pointent l'impossibilité de prédire l'émission. Néanmoins, la tendance ébauchée par Cox et al. (2010) indiquant que les profils les plus brillants se trouvent aux basses latitudes est à nuancer à partir de l'analyse de cette base de données plus vaste. En outre, les observations au limbe SPICAM de NO sur Mars sont comparées avec les observations en mode occultation stellaire du même instrument. Les premiers résultats tendent à confirmer les résultats de Gagné et al. (2013). Néanmoins, le mode d'observation au limbe apporte une information complémentaire, absente lors des observations en mode occultation stellaire : l'altitude du pic d'émission. Cette information est importante pour contraindre les modèles de la dynamique de la haute atmosphère de Mars. J'ai confirmé que l'émission se distribue selon une relation latitude = -80 x sin(longitude solaire), avec quelques exceptions. Le reste de l'étude sera présenté dans le chapitre traitant des perspectives qui font suite à cette thèse.

2. Perspectives

2.1. Comparaison des températures de la thermosphère de Mars avec le modèle M-GITM

L'étude réalisée sur la température de la thermosphère de Mars soulève de nombreuses questions. En particulier, il est nécessaire de quantifier le rapport entre les facteurs externes (forçage solaire) et internes (réchauffement par des ondes de gravité refroidissement par CO_2, ...) pour différentes saisons. De même, comme les modèles commencent à introduire des termes pouvant reproduire la variabilité à court terme (alors que seules des moyennes sont comparées aux modèles actuellement), il sera intéressant de comparer les observations avec le modèle M-GITM. Enfin, les données obtenues par l'instrument IUVS à bord de MAVEN permettront de réaliser une cartographie complète de la température et de l'émission de dayglow de la thermosphère de Mars.

L'utilisation de l'indice F10.7 comme indicateur du flux solaire extrême ultraviolet est soumise à débat (voir par exemple Viereck et al., 2001 ; Chen et al., 2011). Lors de la mission MAVEN, l'émission de Lyman-α de l'hydrogène sera enregistrée et utilisée comme indicateur de l'activité solaire. Il est donc utile de comparer les températures obtenues lors de ce travail avec le rayonnement solaire à 121,6 nm, calculé pour Mars (durant la mission SPICAM, ce rayonnement a été mesuré sur Terre par l'instrument SEE à bord de la sonde TIMED, voir Woods and Eparvier, 2006, et est disponible sur le site du LASP http://lasp.colorado.edu/lisird/lya/).

Enfin, certaines observations présentent des hauteurs d'échelle inhabituellement grandes (h ~30 km). L'étude du nightglow de Mars a montré que localement, la densité en oxygène pouvait fortement varier. S'il en est de même du côté jour, cela signifie que la densité de CO_2^+ dans la thermosphère peut aussi varier localement et s'éloigner de l'équilibre hydrostatique. En effet, la réaction entre CO_2^+ et O constitue la perte principale d'ions CO_2^+. Dès lors, les régions pauvres en oxygène correspondent à des densités de CO_2^+ plus élevées que la moyenne où le processus de recombinaison dissociative (voir. p. 147) sera localement amplifié. Ce rôle accru de la recombinaison dissociative pourrait expliquer ces anomalies de hauteurs d'échelle.

2.2.   Etude des aurores du côté nuit de Mars et comparaison des résultats de nightglow avec le modèle LMD

Du côté nuit de Mars, seule une étude préliminaire a été réalisée actuellement. La comparaison avec les données SPICAM obtenues en mode occultation stellaire et avec le modèle LMD qui reproduit la distribution des taux d'émission sur l'hémisphère nocturne, est en cours. Elle permettra d'obtenir une couverture importante d'observations pour chaque saison et pour toute gamme de latitudes. Cette étude confirme que l'émission est très variable, tant en altitude qu'en brillance. De même, il apparaît que le paradigme du transport des atomes responsables de l'émission de l'hémisphère d'été vers l'hémisphère d'hiver est cohérent avec les résultats de cette étude et ceux de l'étude des émissions de la molécule O_2, mais que ce transport est plus variable que sur Vénus.

128

Un autre aspect est en cours d'analyse : les émissions aurorales observées par SPICAM (émission de CO Cameron et de CO_2^+ du côté nuit de la planète). Le champ magnétique de Mars étant faible et localisé, ces émissions se produisent dans les régions où la topologie des lignes de champ est telle qu'elles peuvent précipiter des électrons dans l'atmosphère (les cornets ou *cusps*). Dans ces régions, la caractérisation des émissions de CO Cameron et CO_2^+ (la forme de l'émission son altitude et son intensité) renseigne sur l'interaction entre le flux solaire, le champ magnétique et l'atmosphère de Mars. En particulier, les données du spectro-imageur IUVS à bord de la sonde NASA/MAVEN permettront d'obtenir l'extension verticale et horizontale de l'émission, indiquant la quantité d'énergie déposée dans l'atmosphère.

Références

Les hommes même cultivés ne se rendent pas compte des puissances cachées dans les livres de science. Dans ces volumes, il y a des merveilles, des miracles.

Herbert George Wells

Alexander, M. J. , 1992. A mechanism for the Venus thermospheric superrotation. Geophys. Res. Lett., 19, 2207-2210, doi:10.1029/92GL02110.

Alexander, M., Stewart, A.I.F., Solomon, D.S.C., Bougher, S.W., 1993. Local time asymmetries in the Venus thermosphere. J. Geophys. Res. 98, 10849-10871.

Anderson, Jr., D.E., Hord, C.W., 1971. Mariner 6 and 7 Ultraviolet Spectrometer Experiment: Analysis of hydrogen Lyman-alpha data. J. Geophys. Res. 76, 6666.

Bailey, J., Meadows, V.S., Chamberlain, S., Crisp, D., 2008. The temperature of the Venus mesosphere from $O2(a1\Delta g)$ airglow observations. Icarus 197, 247-259.

Barth, C., Wallace, L., Pearce, J., 1968. Mariner 5 measurement of Lyman-alpha radiation near Venus. J. Geophys. Res., 73, 7, 2541–2545.

Barth, C.A., Hord, C.W., Pearce, J.B., Kelly, K.K., Anderson, G.P., Stewart, A.I., 1971. Mariner 6 and 7 Ultraviolet Spectrometer Experiment: Upper atmosphere data. J. Geophys. Res. 76, 2213.

Barth, C.A., Hord, C.W., Stewart, A.I., Lane, A.L., 1972. Mariner 9 Ultraviolet Spectrometer Experiment: Initial Results. Science 175, 309–312.

Bertaux, J.L. et al., 2005. Discovery of an aurora on Mars. Nature, 435, 790-794.

Bertaux, J.L. et al., 2006. SPICAM on Mars Express: Observing modes and overview of UV spectrometer data and scientific results. J. Geophys. Res. 111, 10.

Bertaux, J.L. et al., 2007. SPICAV on Venus Express: Three spectrometers to study the global structure and composition of the Venus atmosphere. Planet. Space Sci. 55, 1673–1700.

Bevington, P. R. and Robinson, D. K. 1992, Data Reduction and Error Analysis for the Physical Sciences, 2nd Ed., McGraw-Hill, Inc.

Bhardwaj, A., Jain, S., 2013. CO Cameron band and CO_2^+ UV doublet emissions in the dayglow of Venus: Role of CO in the Cameron band production. J.Geophys. Res., 118, 6, 3660–3671.

Biémont, 2008. Spectroscopie moléculaire: Structures moléculaires et analyse spectrale. DeBoeck Supérieur, ISBN : 2804150658, 9782804150655.

Bougher, S.W., Gérard, J.C., Stewart, A.I.F., Fesen, C.G., 1990. The Venus nitric oxide night airglow - Model calculations based on the Venus Thermospheric General Circulation Model. J. Geophys. Res. 95, 6271–6284.

Bougher, S.W., Borucki, W.J., 1994. Venus O2 visible and IR nightglow: implications for lower thermosphere dynamics and chemistry. J. Geophys. Res. 99, 3759-3776.

Bougher, S.W., Hunten, D.M. and Roble, R.G., 1995. CO_2 Cooling in Terrestrial Planet Thermospheres. Earth, Moon and Planets, 67, 31-33.

Bougher, S.W., Alexander, M.J., Mayr, H.G., 1997. Upper Atmosphere Dynamics: Global Circulation and Gravity Waves, in: S. W. Bougher, D. M. Hunten, & R. J. Phillips (Ed.), Venus II: Geology, Geophysics, Atmosphere, and Solar Wind Environment, p. 259.

Bougher, S.W., Engel, S., Roble, R.G., Foster, B., 2000. Comparative terrestrial planet thermospheres 3. Solar cycle variation of global structure and winds at solstices. J. Geophys. Res. 105, 17669–17692.

Bougher, S.W., Roble, R.G., Fuller-Rowell, T., 2002. Simulations of the upper atmospheres of the terrestrial planets. Geophysical Monograph, 130, AGU editions, p. 261.

Bougher, S. W., Rafkin, S. , Drossart, P., 2006. Dynamics of the Venus upper atmosphere: Outstanding problems and new constraints expected from Venus Express, Planet. Space Sci., 54, 1371–1380, doi:10.1016/j.pss.2006.04.023.

Bougher, S.W., MCDunn, T., Forbes, J.M., 2008. Solar cycle variability of Mars atmosphere: modeling and observations, 1447, p. 9064, Third international workshop on the Mars atmosphere: modeling and observations.

Bougher, S.W., McDunn, T.M., Zoldak, K.A., Forbes, J.M., 2009. Solar cycle variability of Mars dayside exospheric temperatures: Model evaluation of underlying thermal balances. Geophys. Res. Lett. 36, 5201.

Brecht, A.S., Bougher, S.W., Gérard, J.C., Parkinson, C.D., Rafkin, S., Foster, B., 2011. Understanding the variability of nightside temperatures, NO UV and O2 IR nightglow emissions in the Venus upper atmosphere. J. Geophys. Res. 116, 8004.

Brecht, A.S., Bougher, S.W., Gérard, J.C., Soret, L., 2012. Atomic oxygen distributions in the Venus thermosphere: comparisons between Venus Express observations and global model simulations. Icarus 217, 759-766.

Campbell, I.M., Thrush, B.A., 1966. Behavior of carbon dioxide and nitrous oxide in active nitrogen. Trans. Faraday Soc. 62, 3366-3374.

Chen, Y., Liu, L., Wan, W., 2011. Does the F10.7 index correctly describe solar EUV flux during the deep solar minimum of 2007–2009 J. Geophys. Res.,116, A04304, doi:10.1029/2010JA016301.

Clancy, R.T., Sandor, B.J., Moriarty-Schieven, G., 2012. Circulation of the Venus upper mesosphere/thermosphere: Doppler wind measurements from 2001-2009 inferior conjunction, sub-millimeter CO absorption line observations. Icarus, 217, 794-812.

Collet, A., 2010. Modèle bidimensionnel instationnaire du transport de constituants minoritaires dans l'atmosphère nocturne de Vénus. Travail de fin d'étude.

Collet, A. Cox, C., Gérard, J.C., 2010. Two dimensional time-dependent model of the transport of minor species in the Venus night side upper atmosphere. Planet. Space Sci. 58, 1857-1867.

Connerney, J., et al., 2001. The Global Magnetic Field of Mars and Implications for Crustal Evolution, Geoph. Res. Lett., 28, 21, 4015-4018.

Connes, P., Noxon, J.F., Traub, W.A., Carleton, N.P., 1979. $O_2(a^1\Delta_g)$ emission in the day and night airglow of Venus. Astrophys. J. 233, L29-L32.

Conway, R.R., 1981. Spectroscopy of the Cameron bands in the Mars airglow. J. Geophys. Res. 86, 4767–4775.

Correia, A., Laskar, J., 2003. The four final rotation states of Venus, Nature, 411, 767-770.

Cowling, T. G. and Chapman, S., 1970. The mathematical theory of non-uniform gases: an account of the kinetic theory of viscosity, thermal conduction and diffusion in gases. Cambridge university press.

Cox, C. et al., 2008. Distribution of the ultraviolet nitric oxide Martian airglow: Observations from Mars Express and comparisons with a one-dimensional model. J. Geophys. Res. 113, E08012.

Cox, C., 2010. Analyse et modélisation des émissions ultraviolettes de l'atmosphère de Vénus et de Mars à l'aide des instruments SPICAM et SPICAV, thèse de doctorat.

Cox, C., Gérard, J.C., Hubert, B., Bertaux, J.L., Bougher, S.W., 2010. Mars ultraviolet dayglow variability: SPICAM observations and comparison with airglow model. J. Geophys. Res. 115, 4010.

Crisp, D. Meadows, V.S., Bézard, B., de Bergh, C., Maillard, J.P., Mills, F.P., 1996. Ground-based near infrared observations of the Venus nightside: 1.27μm $O_2(a^1\Delta_g)$ airglow from the upper atmosphere. J. Geophys. Res. 101, 4577-4594.

Dalgarno, A., Degges, T., Stewart, I., 1970. Mariner 6: Origin of Mars Ionized Carbon Dioxide Ultraviolet Spectrum. Science, 167, 3924, 1490-1491.

Dalgarno, A. and Degges, T., 1971. CO_2^+ dayglow on Mars and Venus. Plan. Atm., 337-345.

Dalgarno, A., Babb, J.F., Sun, Y., 1992. Radiative association in planetary atmospheres. Planet. Space Sci. 40, 243-246.

Davies, J., 2008. Did a mega-collision dry Venus' interior?, Earth Planet. Sci. Lett., vol. 268, 30, 376-383.

Dickinson, R. E., and Ridley, E. C., 1977. Venus mesosphere and thermosphere temperature structure. Day-night variations. Icarus, 30,163-178, doi:10.1016/0019-1035(77)90130-0.

Drossart, P. et al., 2007. Scientific goals for the observation of Venus by VIRTIS on ESA/Venus Express mission. Planet. Space Sci. 55, 1653-1672.

Feldman, P.D., Moos, H.W., Clarke, J.T., Lane, A.L., 1979. Identification of the UV nightglow from Venus. Nature 279, 221.

Feldman, P.D., Burgh, E.B., Durrance, S.T., Davidsen, A.F., 2000. Far Ultraviolet Spectroscopy of Venus and Mars at 4 Angstrom Resolution with the Hopkins Ultraviolet Telescope on Astro-2. Astrophys. J. 538, 95–400. arXiv:astro-ph/0004024.

Forbes, J.M., Lemoine, F.G., Bruinsma, S.L., Smith, M.D., Zhang, X., 2008. Solar flux variability of Mars' exosphere densities and temperatures. Geophys. Res. Lett. 35, 1201.

Fox, J.L., Dalgarno, A., 1979. Ionization, luminosity, and heating of the upper atmosphere of Mars. J. Geophys. Res. 84, 7315–7333.

Fox, J.L., 1994. Rate coefficient for the reaction N+NO. J.Geophys.Res. 99, 6273-6276.

Fox, J.L., Zhou, P., Bougher, S.W., 1996. The Martian thermosphere/ionosphere at high and low solar activities. Adv. Space Res., 17, 11, 203–218.

Fox, J.L., 2004. CO2+ dissociative recombination: A source of thermal and nonthermal C on Mars. J. Geophys. Res. 109, 8306.

Gagné, M.-È., Bertaux, J.L, González-Galindo, F., Melo, S., Montmessin, F., Strong, K., 2013. New nitric oxide (NO) nightglow measurements with SPICAM/MEx as a tracer of Mars upper atmosphere circulation and comparison with LMD-MGCM model prediction: Evidence for asymmetric hemispheres, J. Geophys. Res. Planets, 118, 2172-2179, doi:10.1002/jgre.20165.

133

Garcia, R.F., Drossart, P., Piccioni, G. Lopez-Valverde, M., Occhipinti, G., 2009. Gravity waves in the upper atmosphere of Venus revealed by CO2 non-local thermodynamic equilibrium emissions. J. Geophys. Res. 114, 32-43.

Garcia-Munoz, A., Mills, F., Piccioni, G., Drossart, P., 2009. The near infrared nitric oxide nightglow in the upper atmosphere of Venus. Publ. Nat. Acad. Sci. 106, 985-988.

Gérard, J.C., Stewart, A.I.F., Bougher, S.W., 1981. The altitude distribution of the Venus ultraviolet nightglow and implications on vertical transport. Geophys. Res. Lett. 8, 633–636.

Gérard, J.C., Deneye, E.J., Lerho, M., 1988. Sources and distribution of odd nitrogen in the Venus daytime thermosphere. Icarus, 75, 171-184.

Gérard, J.C., Cox, C., Saglam, A., Bertaux, J.L., Villard, E., Nehmé, C., 2008a. Limb observations of the ultraviolet nitric oxide nightglow with SPICAV on board Venus Express. J. Geophys. Res., 113, E00B03.

Gérard et al., 2008b. Distribution of the O2 infrared nightglow observed with VIRTIS on board Venus Express. J. Geophys. Res. 113, E00B03.

Gérard, J.C. et al., 2009a. Concurrent observations of the ultraviolet nitric oxide and infrared O2 nightglow emissions with Venus Express, J.Geophys. Res., 114, E00B44.

Gérard, J.C., Saglam, A., Piccioni, G., Drossart, P., Montmessin, F., Bertaux, J.L., 2009b. Atomic oxygen distribution in the Venus mesosphere from observations of O_2 infrared airglow by VIRTIS-Venus Express. Icarus, 199, 264-272.

Gérard, J.C., Soret, L., Saglam, A., Piccioni, G., Drossart, P., 2010. The distribution of the OH Meinel and $O_2(a^1\Delta-X^3\Sigma)$ nightglow emissions in the Venus mesosphere based on VIRTIS observations. Adv. Space Res. 45, 1268-1275.

Gierasch, P; J., et al., 1997. The general circulation of the Venus atmosphere: an assessment. Venus II, 459.

Gimenez, A., Lebreton, J.-P., Svedhem, H., Tauber, J., 2002. Studies on the re-use of the Mars Express platform, ESA Bulletin, 109, 78 – 86.

Gold, T., Soter, S., 1969. Atmospheric tides and the 4-day circulation on Venus. Icarus, 14, 1, 16–20.

Gutcheck, R.A., Zipf, E.C., 1973. Excitation of the CO fourth positive system by the dissociative recombination of CO_2^+ ions. J. Geophys. Res. 78, 5429.

Hanson, W.B., Sanatani, S., Zuccaro, D.R., 1977. The Martian ionosphere as observed by the Viking retarding potential analyzers. J. Geophys. Res.82, 4351–4363.

Hedin, A.E., Niemann, H.B., Kasprzak, W.T., Seiff, A., 1983. Global empirical model of the Venus thermosphere. J. Geophys. Res. 88, 73-83.

Herzberg, G., 1950. Spectra of diatomic molecules (Vol. 1). van Nostrand.

Hickey, M. P., Walterscheid, R. L., Schubert, G., 2013. Wave Heating and Jeans Escape in the Martian Upper Atmosphere.   American Geophysical Union, Fall Meeting 2013, abstract #P14A-07.

Hoofs, A. et al., 2009. Venus Express—Science observations experience at Venus. Acta Astronautica, 65, 7–8, 987–1000.

Hueso, R. et al., 2008. Morphology and dynamics of the Venus oxygen airglow from Venus Express/Visible and Infrared Thermal Imaging Spectrometer observations. J. Geophys. Res. 113, E00B02.

Itikawa, Y., 2002. Cross sections for electron collisions with carbon dioxide. J. Phys. Chem. Ref. Data 31(3), 749–767.

Izakov, M., 1977. Estimate of eddy viscosity and homopause height on Venus, Mars and Jupiter, Kosmicheskie Issledovaniia, Vol. 15, 248-254.

Jain, S. K. and Bhardwaj, A., 2011. Model calculation of N_2 Vegard-Kaplan band emissions in Martian dayglow. J. Geophys. Res., 116, 2156-2202.

Jain, S. K. and Bhardwaj, A.,2012. Impact of solar EUV flux on CO Cameron band and CO_2^+ UV doublet emissions in the dayglow of Mars. Plan. and Space Science, 63–64, 110-122.

Kasprzak, W.T., Hedin, A.E., Mayr, H.G., Niemann, H.B., 1988. Wavelike perturbations observed in the neutral thermosphere of Venus. J. Geophys. Res. 93, 11237-11245.

Kasprzak, W.T., Niemann, H.B., Hedin, A.E., Bougher, S.W., 1993. Wave-like perturbations observed at low altitudes by the Pioneer Venus Orbiter Neutral Mass Spectrometer during orbiter entry. Geophys. Res. Lett. 20, 2755-2758.

Keating, G.M., et al., 1985. Models of Venus neutral upper atmosphere: Structure and composition. Adv. Space Res., 5, 11, 1985, 117–171.

Keating, G.M. et al., 1998. The Structure of the Upper Atmosphere of Mars: In Situ Accelerometer Measurements from Mars Global Surveyor. Science 279, 1672.

Keating, G.M., Theriot, Jr., M., Tolson, R., Bougher, S., Forget, F., Forbes, J., 2003. Global Measurements of the Mars Upper Atmosphere: In Situ Accelerometer Measurements from Mars Odyssey 2001 and Mars Global Surveyor, in: Mackwell, S., Stansbery, E. (Eds.), Lunar and Planetary Institute Science Conference Abstracts, p. 1142.

Krasnopolsky, V., et al., 1976. Spectroscopy of the nightglow of Venus from the Venera 9 and 10 probes. Kosmicheskie Issledovaniia, 14, 789-795.

Krasnopolsky, V., 1983. Lightning and nitric oxide on Venus. Plan. Space Sc., 31, 11, 1363–1369.

Krasnopolsky, V.A., 2010. Venus night airglow: ground-based detection of OH, observations of O_2 emissions, and photochemical model. Icarus 207, 17-27.

Krasnopolsky, V.A., 2011. A photochemical model for the Venus atmosphere at 47-112 km. AGU Fall. Suppl. G6 (abstract)

Lawrence, G.M., 1972. Photodissociation of CO2 to Produce CO(a3). J.Chem. Phys. 56, 3435–3442.

Leblanc, F., Chaufray, J.Y., Lilensten, J., Witasse, O., Bertaux, J.L., 2006. Martian dayglow as seen by the SPICAM UV spectrograph on Mars Express. J. Geophys. Res. 111, 9.

Leblanc, F., Chaufray, J. Y., Bertaux, J.-L., 2007. On Martian nitrogen dayglow emission observed by SPICAM UV spectrograph/Mars Express. Geophys. Res. Lett., 34, 1944-8007.

Leblanc, F. et al., 2008, Observations of aurorae by SPICAM ultraviolet spectrograph on board Mars Express: Simultaneous ASPERA-3 and MARSIS measurements. J. Geophys. Res., 113, 2156-2202.

Lellouch, E., Clancy, T., Crisp, D., Kliore, A.J., Titov, D., Bougher, S.W., 1997. Monitoring of Mesospheric Structure and Dynamics, in: S. W. Bougher, D. M. Hunten, R. J. Phillips (Ed.), Venus II: Geology, Geophysics, Atmosphere, and Solar Wind Environment, p. 295.

Levenberg, K., A Method for the Solution of Certain Problems in Least Squares , 1944. Quart. Appl. Math. 2, p. 164-168.

Lucy, L.B., 1974. An iterative technique for the rectification of observed distributions. Astronom. J. 79, 745-754.

Lundin, R.; Barabash, S., Futaana, Y., Sauvaud, J.-A., Fedorov, A., Perez-de-Tejada, H., 2011. Ion flow and momentum transfer in the Venus plasma environment. Icarus, 215, 2, 751-758.

Mahieux, 2011. Inversion des spectres infrarouges enregistrés par l'instrument SOIR à bord de la sonde Venus Express. Thèse de doctorat.

Mantas, G. P. and Hanson, W. B., 1979. Photoelectron fluxes in the Martian ionosphere. J. Geophys. Res, 84, 2156-2202.

Markwardt, C. B. 2009, Non-Linear Least Squares Fitting in IDL with MPFIT, in proc. Astronomical Data Analysis Software and Systems XVIII, Quebec, Canada, ASP Conference

Series, Vol. 411, eds. D. Bohlender, P. Dowler & D. Durand (Astronomical Society of the Pacific: San Francisco), p. 251-254.

Marquardt, D., 1963. An Algorithm for Least-Squares Estimation of Nonlinear Parameters », SIAM J. Appl. Math. 11, 431-441.

Medvedev, A., Yigit, E., Hartogh, P., Becker, E., 2011. Influence of gravity waves on the Martian atmosphere: general circulation modeling. J. Geophys. Res., 116, E10.

Medvedev, A., Yigit, E., 2012. Thermal effects of internal gravity waves in the Martian upper atmosphere. Geophys. Res. Lett., 39, 5.

Migliorini, A. et al., 2013. The characteristics of the O_2 Herzberg II and Chamberlain bands observed with VIRTIS/Venus Express. Icarus, 223, 1, 609–614.

Miller, H., McCord, J., Choy, J., Hager, G., 2001. Measurement of the radiative lifetime of $O2(a^1\Delta_g)$ using cavity ring down spectroscopy. J. Quant. Spectroscop. Radiat. Transfer 69, 305-325.

Moudden, Y. and Forbes, J.M., 2008. Effects of vertically propagating thermal tides on the mean structure and dynamics of Mars' lower thermosphere. Geophys. Res. Lett., 35, 23.

Mueller-Wodarg, I.C.F., et al., 2008. Neutral atmospheres. Space Science Reviews, 139, 1-4, 191-234.

Nevejans, D. et al., 2006. Compact high-resolution space-borne echelle grating spectrometer with AOTF based on order sorting for the infrared domain from 2.2 to 4.3 micrometer. Applied optics, 45(21), 5191-5206.

Niemann, H.B., Kasprzak, W.T., Hedin, A.E., Hunten, D.M., Spencer, N.W., 1980. Mass spectrometric measurements of the neutral gas composition of the thermosphere and exosphere of Venus. J. Geophys. Res. 85, 7817-7827.

Nimo, F., 2002. Why does Venus lack a magnetic field?, Geology, 30, 11, 987-990.

Ohtsuki, S., Iwagami, N., Sagawa, H., Kasaba, Y., Ueno, M., Imamura, T. 2005. Ground-based observations of the Venus 1.27-micron O_2 airglow. Adv. Space Res. 36, 2038-2042.

Ohtsuki, S. et al., 2008. Imaging spectroscopy of the Venus 1.27-micron O_2 airglow with ground-based telescopes. Adv. Space Res. 41, 1375-1380.

Padial, N., Csanak, G., McKoy, B.V., Langhoff, P.W., 1981. Photoexcitation and ionization in carbon dioxide: Theoretical studies in the separated channel static-exchange approximation. Phys. Rev. A 23, 218–235.

Parish, H., Schubert, G., Hickey, M., Walterscheid, R., 2009. Propagation of tropospheric gravity waves into the upper atmosphere of Mars. Icarus, 203, 1, 28-37.

Piccioni, G. et al., 2008. First detection of hydroxyl in the atmosphere of Venus, A&A, 483, L29-L33.

Piccioni, G., Zasova, L., Migliorini, A., Drossart, P., Shakun, A., Munoz, A.G., Mills, F.P., Cardesin-Moinelo, A., 2009. Near-IR oxygen nightglow observed by VIRTIS in the upper Venus atmosphere. J. Geophys. Res., 114. E00B38, doi:10.1029/2008JE003133.

Ramsey, A.T., Diesso, M. 1999. Abel inversions: error propagation and inversion reliability. Rev. Sci. Instrum. 70, 380-383.

Rosati, R.E., Johnsen, R., Golde, M.F., 2003. Absolute yields of CO(a' 3+, d 3i,e 3−)+O from the dissociative recombination of CO2+ ions with electrons. J. Chem. Phys. 119, 11630–11635.

Royer, E., Montmessin, F., Bertaux, J.L., 2010. NO emissions as observed by SPICAV during stellar occultations. Planet. Space Sci. 58, 1314–1326.

Russel, C.T., 1980. Planetary Magnetism, Reviews of geophysics and space physics, 18, 1, 77-106.

Sander, S.P. et al. 2006. Chemical kinetics and photochemical data for use in Atmospheric Studies Evaluation Number 15. Jet Propulsion Laboratory, Publication 06-2.

Schubert, G., et al., 1980. Structure and circulation of the Venus atmosphere. J. Geophys. Res., 85, 8007–8025, doi:10.1029/JA085iA13p08007.

Schubert, G., et al., 2007. Venus atmosphere dynamics: A continuing enigma, in Exploring Venus as Terrestrial Planet, Geophys.Monogr. Ser., vol. 176, edited by L. W. Esposito, E. R. Stofan, and T. E. Cravens, pp. 121–138, AGU, Washington, D. C.

Seiersen, K., Al-Khalili, A., Heber, O., Jensen, M.J., Nielsen, I.B., Pedersen, H.B., Safvan, C.P., Andersen, L.H., 2003. Dissociative recombination of the cation and dication of CO2. Phys. Rev. A 68, 022708.

Seiff, A., Kirk, D.B., 1977. Structure of the atmosphere of Mars in summer at mid-latitudes. J. Geophys. Res. 82, 4364–4378.

Seiff, A. et al., 1985. Models of the structure of the atmosphere of Venus from the surface to 100 kilometers altitude. Adv. Space Res., 5, 11, 3–58.

Shematovich, V.I., Bisikalo, D.V., Gérard, J.-C., Cox, C., Bougher, S.W., Leblanc, F., 2008. Monte Carlo model of electron transport for the calculation of Mars dayglow emissions. J. Geophys. Res. 113, 2156-2202, doi. 10.1029/2007JE002938.

Shirai, T., Tabata, T., Tawara, H., 2001. Analytic cross section for electron collisions with co, co2 and h2o relevant to edge plasma impurities. At. Data and Nucl. Data Tables 79, 143 – 184.

Simon, C., Witasse, O., Leblanc, F., Gronoff, G., Bertaux, J.L., 2009. Dayglow on Mars: Kinetic modeling with SPICAM UV limb data. Planet. Space Sci. 57, 1008–1021.

Skrzypkowski, M.P., Gougousi, T., Johnsen, R., Golde, M.F., 1998. Measurement of the absolute yield of CO(a 3)+O products in the dissociative recombination of CO2+ ions with electrons. J. Chem. Phys. 108, 8400–8407.

Slanger, T., Cosby, P., Huestis, D., Bida, T., 2001. Discovery of the Atomic Oxygen Green Line in the Venus Night Airglow. Science, 291, 5503, 463-465.

Smith, G.P., Robertson, R. 2008. Temperature dependence of oxygen atom recombination in nitrogen after ozone photolysis. Chem. Phys. Lett. 458, 6-10.

Soret, L., Gérard, J.C., Piccioni, G., Drossart, P., 2010. Venus OH nightglow distribution based on VIRTIS limb observations from Venus Express. Geophys. Res. Lett. 370, L06805.

Soret, L., 2012. Observation de l'atmosphère de Vénus par le spectromètre imageur VIRTIS-M de Venus-Express : analyse des émissions nocturnes de O_2 et OH. Thèse de doctorat.

Soret, L., Gérard, J.C., Montmessin, F., Piccioni, G., Drossart, P., Bertaux, J.L., 2012. Atomic oxygen on the Venus nightside: global distribution deduced from airglow mapping. Icarus 217, 849-855.

Stewart, A.I., 1972. Mariner 6 and 7 Ultraviolet Spectrometer Experiment: Implications of CO2+, CO and O Airglow. J. Geophys. Res. 77, 54.

Stewart, A.I., Barth, C.A., Hord, C.W., Lane, A.L., 1972. Mariner 9 Ultraviolet Spectrometer Experiment: Structure of Mars's Upper Atmosphere (A 5. 3). Icarus 17, 469.

Stewart, A.I., Barth, C.A., 1979. Ultraviolet night airglow of Venus. Science 205, 59–62.

Stewart, A.I.F., Gérard, J.C., Rusch, D.W., Bougher, S.W., 1980. Morphology of the Venus ultraviolet night airglow. J. Geophys. Res. 85, 7861–7870.

Stiepen, A., Soret, L., Gérard, J.-C., Cox, C., Bertaux, J.-L., 2012, The vertical distribution of the Venus NO nightglow: Limb profiles inversion and one-dimensional modeling. Icarus, 220, 981-989.

Stiepen, A., Gérard, J.-C., Dumont, M., Cox, C., Bertaux, J.-L., 2013. Venus nitric oxide nightglow mapping from SPICAV nadir observations. Icarus, 226, 1, 428-436.

Strickland, D.J., Thomas, G.E., Sparks, P.R., 1972. Mariner 6 and 7 Ultraviolet Spectrometer Experiment: Analysis of the O I 1304- and 1356-A emissions. J. Geophys. Res. 77, 4052.

Strickland, D.J., Stewart, A.I., Barth, C.A., Hord, C.W., Lane, A.L., 1973. Mariner 9 Ultraviolet Spectrometer Experiment: Mars atomic oxygen 1304-A emission. J. Geophys. Res. 78, 4547.

Svedhem, H. et al., 2007. Venus Express, The first European mission to Venus. Icarus 55, 1636–1652.

Tennyson, P.D., Feldman, P.D., Hartig, G.F., Henry, R.C., 1986. Near-midnight observations of nitric oxide δ- and γ-band cheluminescence. J. Geophys. Res., 91, A9, 10,141-10,146.

Titov, D.V et al., 2006. Venus Express science planning. Planet. Space Sci. 54, 1279–1297.

Vandaele, A.C., et al., 2008. Composition of the Venus mesosphere measured y SOIR on board Venus Express. J. Geophys. Res., 113, E00B23, doi:10.1029/2008JE003140.

Venot, O. et al., 2013. High-temperature measurements of VUV-absorption cross sections of CO2 and their application to exoplanets, doi: 10.1051/0004-6361/201220945, arXiv:1302.2432.

Viereck, R., Puga, L., McMullin, D., Judge, D., Weber, M., Kent, W., 2001. The Mg II index: A proxy for solar EUV. Geophys. Res. Lett., 28, 1343–1346. doi: 10.1029/2000GL012551.

Von Zahn, U., Fricke, K.H., Hoffmann, H.J., Pelka, K. 1979. Venus Eddy coefficients in the thermosphere and the inferred helium content of the lower atmosphere. Geophys. Res. Lett. 6, 337-340.

vonZahn, U., Krankowsky, D., Mauersberger, K., Nier, A., Hunten, D., 1980. Venus thermosphere: In situ composition measurements, the temperature profile, and the homopause altitude, Science, 203, 768.

Von Zahn, U., et al., 1983. Composition of the Venus atmosphere, Venus 1, 299.

Wilquet, V. et al., 2009. Preliminary characterization of the upper haze by SPICAV/SOIR occultation in UV to mid-IR onboard Venus Express. J. Geophys. Res. 114, E00B42.

Woods, T., Eparvier, F., 2006. Solar ultraviolet variability during the TIMED mission, Adv. In Space. Res, 37, 219-224.

Zalucha, A. M., A. S. Brecht, S. Rafkin, S. W. Bougher, and M. J. Alexander, 2013. Incorporation of a Gravity Wave Momentum Deposition Parameterization into the VTGCM. J. Geophys. Res., 118, doi:10.1029/2012JE004168.

Zhang, T. et al., 2012. Giant flux ropes observed in the magnetized ionosphere at Venus. Geophys. Res. Lett., 39, 23.

* 9 7 8 3 8 4 1 6 6 9 3 7 7 *